乐高机器人
我的中国节日

码高机器人教育 编著

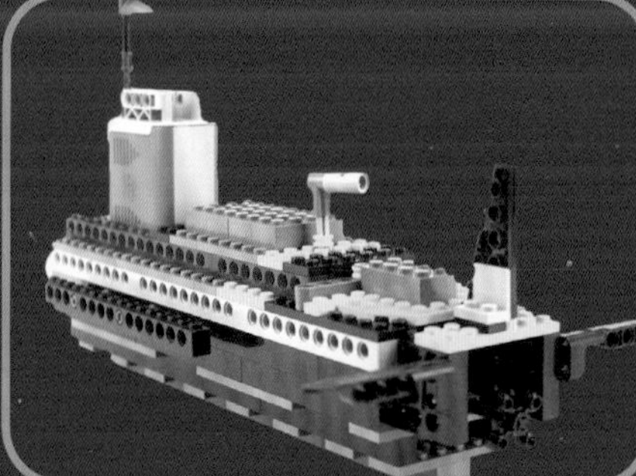

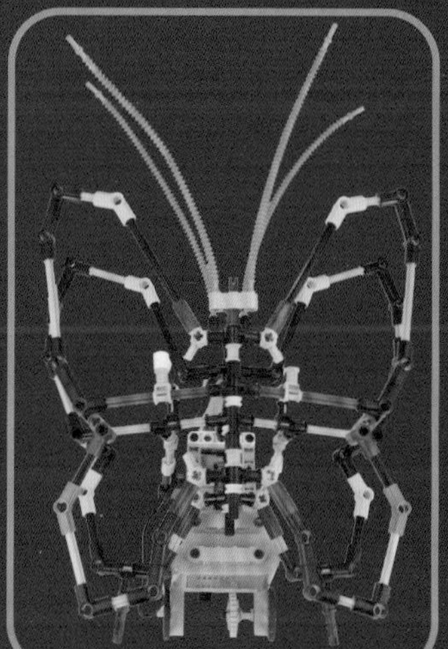

机械工业出版社
CHINA MACHINE PRESS

本书介绍了利用乐高机器人相关零部件设计与搭建关于中国节日主题的多个作品。全书共10章，每章不仅配有多角度高清展示图，详细的结构分析，还对不同的中国节日进行了相关介绍，从而使大家在动手操作中，还能拓展了解中国的节日文化。通过扫描二维码，还可观看有趣的视频演示。本书适合乐高爱好者以及从事乐高教育的相关人员借鉴使用。

图书在版编目（CIP）数据

乐高机器人. 我的中国节日/码高机器人教育编著. —北京 ：机械工业出版社，2019. 2
ISBN 978-7-111-61970-3

Ⅰ. ①乐… Ⅱ. ①码… Ⅲ. ①智能机器人－程序设计 Ⅳ. ①TP242. 6

中国版本图书馆 CIP 数据核字（2019）第 021830 号

机械工业出版社（北京市百万庄大街 22 号 邮政编码 100037）
策划编辑：杨 源 责任编辑：杨 源
责任校对：徐红语 责任印制：张 博
北京东方宝隆印刷有限公司印刷
2019 年 2 月第 1 版第 1 次印刷
215mm × 225mm · 6 印张 · 191 千字
0001—3500 册
标准书号：ISBN 978-7-111-61970-3
定价：49. 80 元

前 言

无论是工业 4.0 还是人工智能等相关发展战略，想要落地依靠的都是人才，而这些人才的培养归根结底取决于相应的教育。通过乐高机器人可以还原工厂的生产实景，也可以还原大部分工业品的具体设计，甚至可以还原一座城市里涉及的所有机械化场景。通过让孩子学习乐高机器人创意结构设计，可以启发孩子的创造性思维，培养孩子的创造力和系统化解决问题的能力，而这种能力将直接影响他们未来的生活品质，甚至奠定他们未来的生存基础。

本书作者以中国节日相关的故事作为创作的主题来源，采用图文相结合、动静相结合的方式，系统地介绍了有关中国节日作品的设计与搭建，使大家能够更好地掌握乐高机器人的科技精髓，更好地锻炼孩子的动手能力、创造能力和逻辑思维能力。通过扫描二维码，大家还可观看详细有趣的视频演示。

目　录

第 1 章　春节——拜年

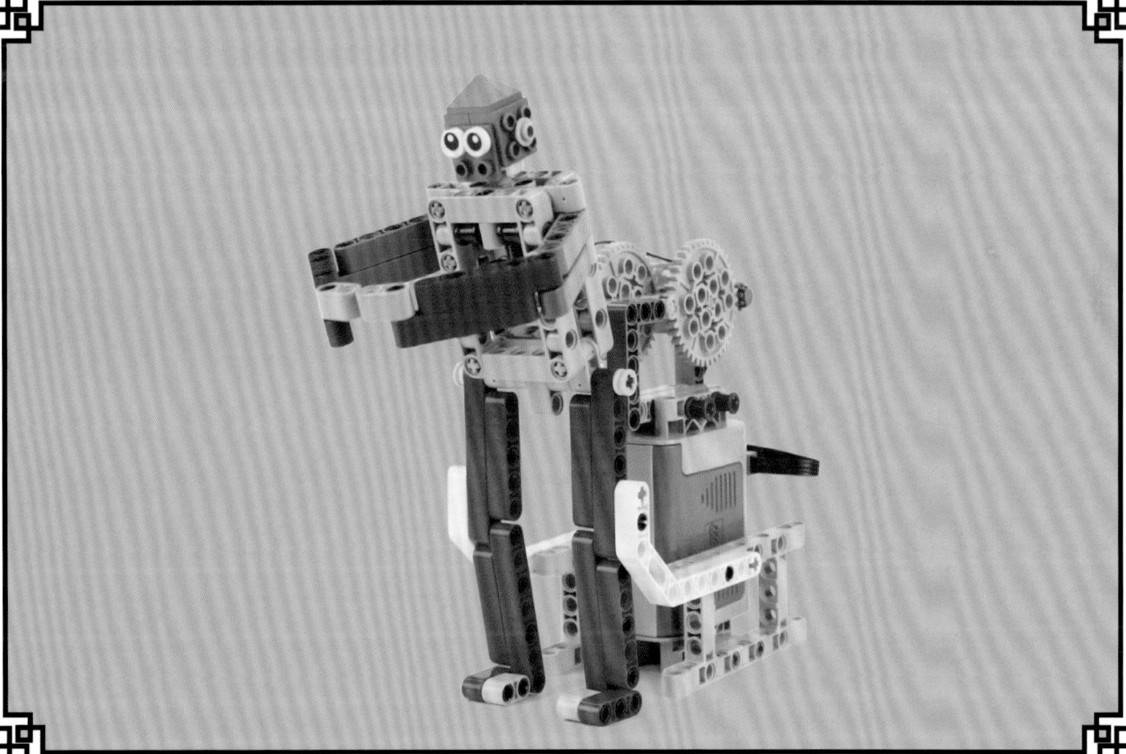

1.1 节日介绍

节日时间：农历正月初一

节日活动：贴春联、拜年、祭祀等

节日意义：传承与弘扬传统文化

1.2　灵感来源

每到过年的时候，晚辈们就会去给长辈们拜年，拜年是中国民间的传统习俗，也是人们辞旧迎新、相互表达美好祝愿的一种方式。古时“拜年”一词原有的含义是为长者拜贺新年，包括向长者叩头施礼、祝贺新年如意、问候生活安好等。遇有同辈亲友，也要施礼道贺。如今，随着时代的发展，拜年的习俗亦不断增添新的内容和形式。除了沿袭以往的拜年方式外，又兴起了电话拜年、短信拜年、网络拜年等。

拜年的时间一般为农历的初一至初五，过了腊月初八就走亲访友多被视为拜早年，而正月初五以后、十五之前走亲访友为拜晚年。

1.3 方位图

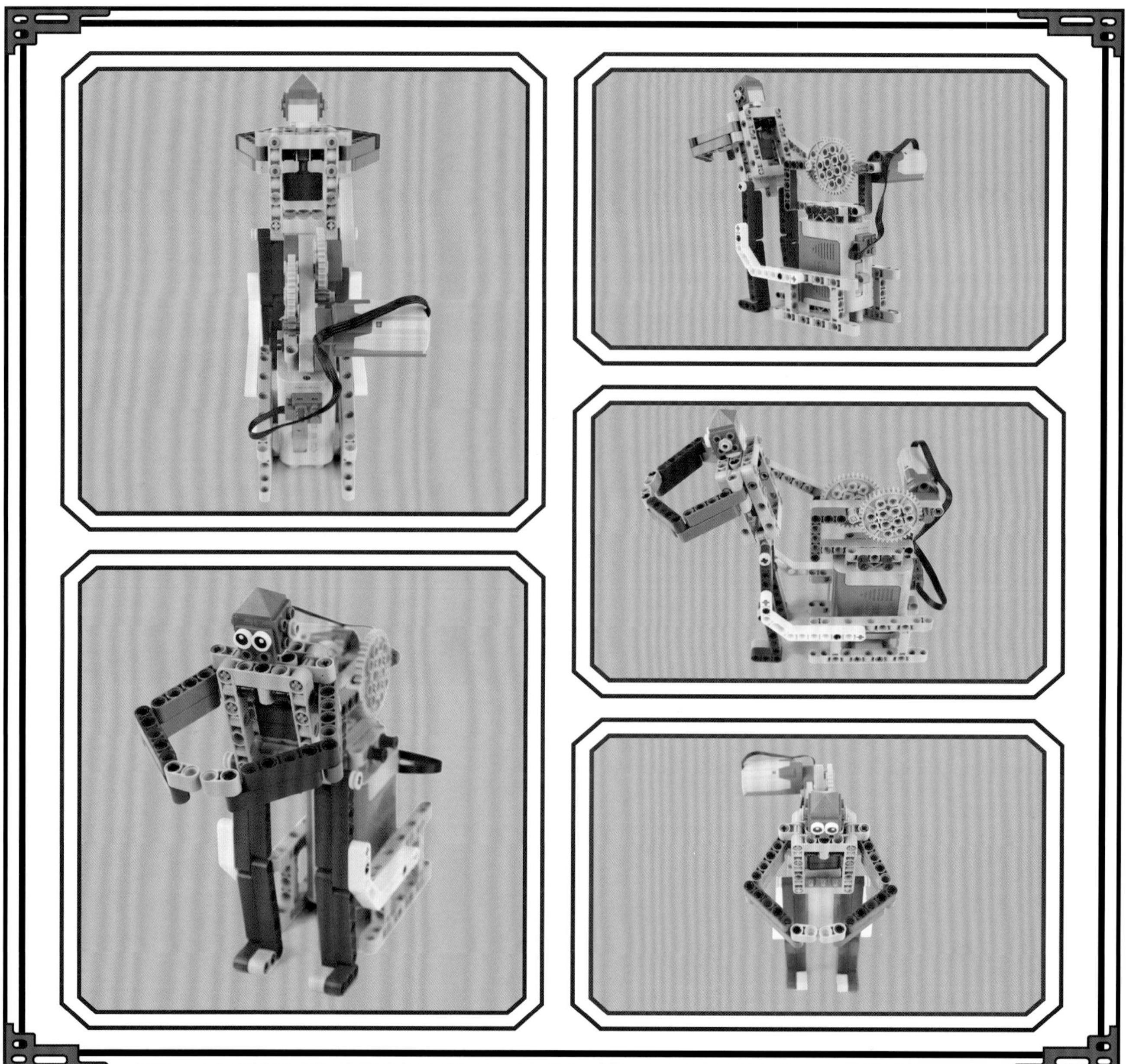

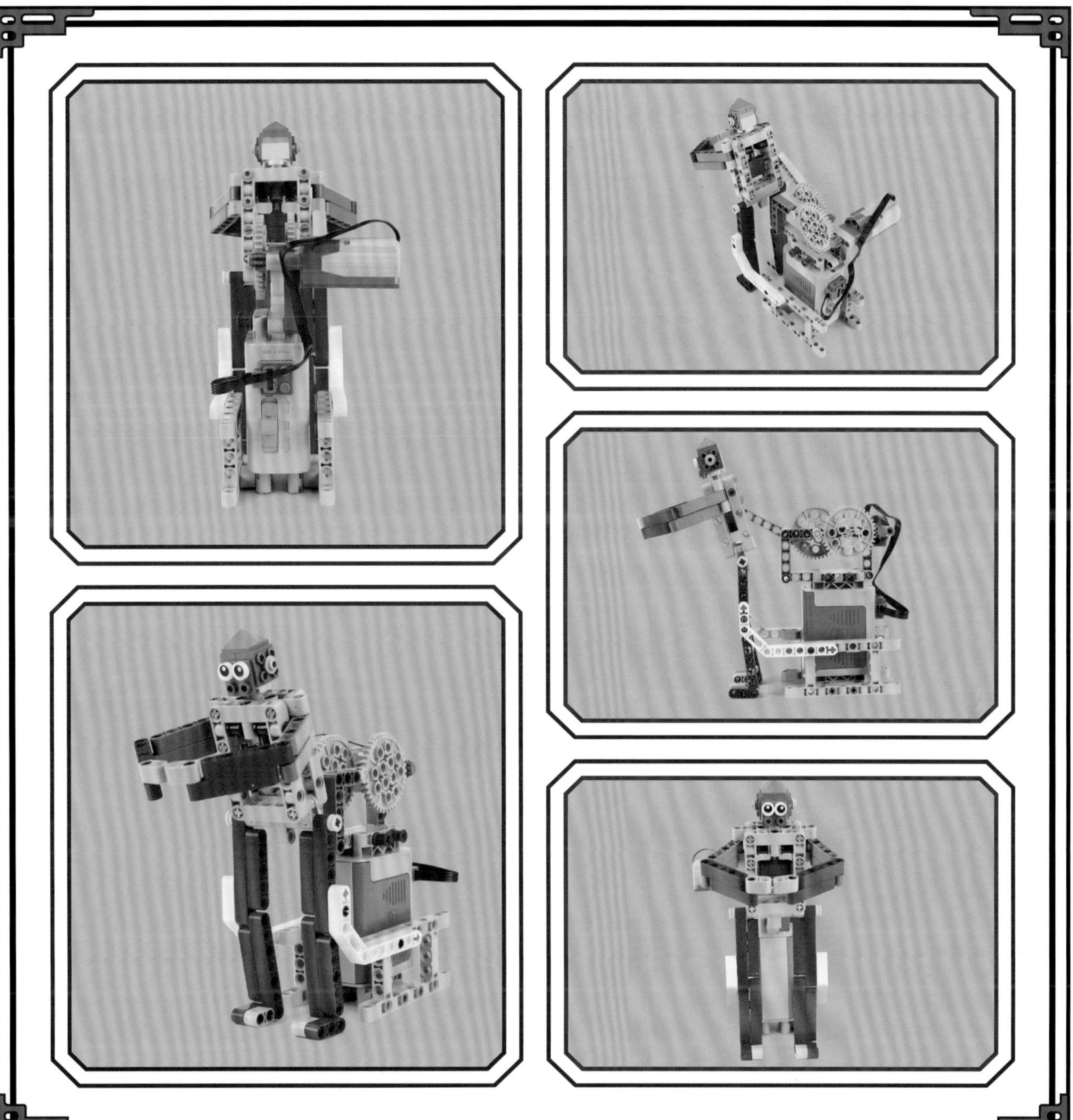

1.4 曲柄结构

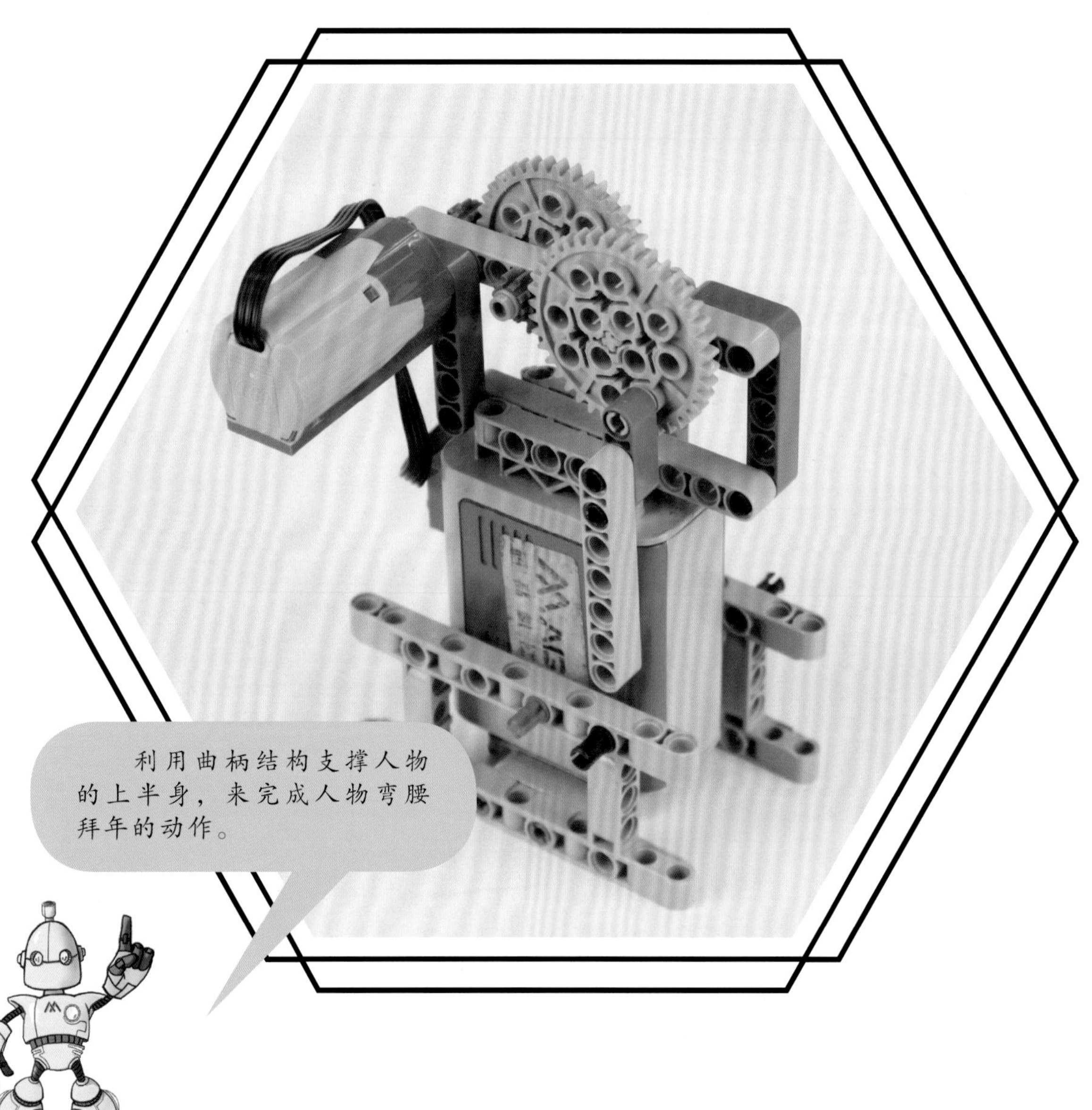

利用曲柄结构支撑人物的上半身，来完成人物弯腰拜年的动作。

1.5 人物

多用红色零件来搭建人物，营造过年的氛围。

1.6 二级减速机构

1.7 零件准备

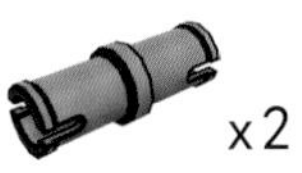
x2

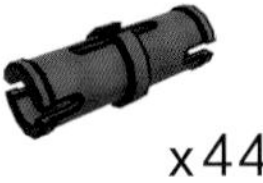
x44

x8

x8

x3

x2

x1

x3

x2

x4

③
x9

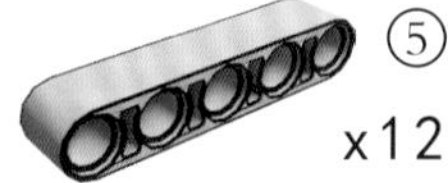
⑤
x12

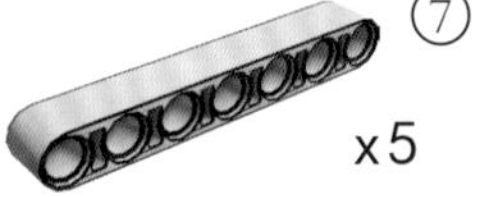
⑦
x5

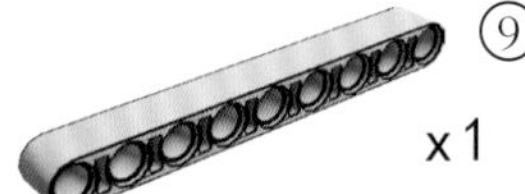
⑨
x1

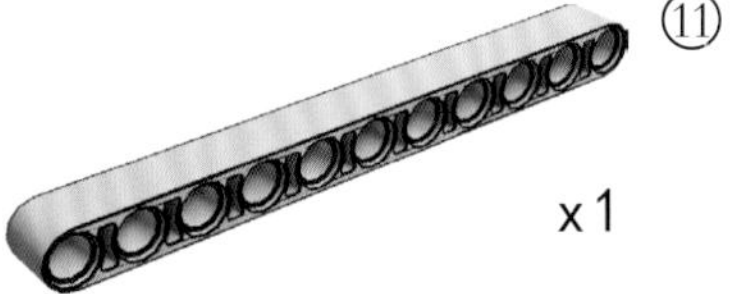
⑪
x1

x6

x2

x3

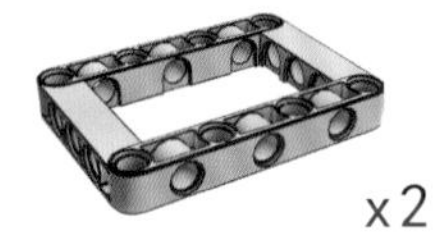
x2

x2

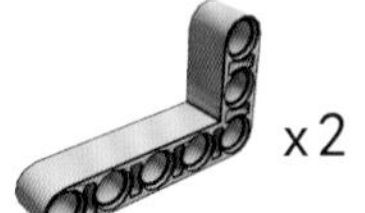
x2

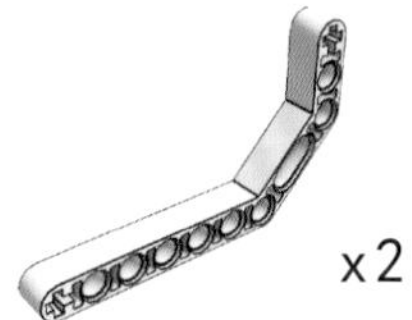
x2

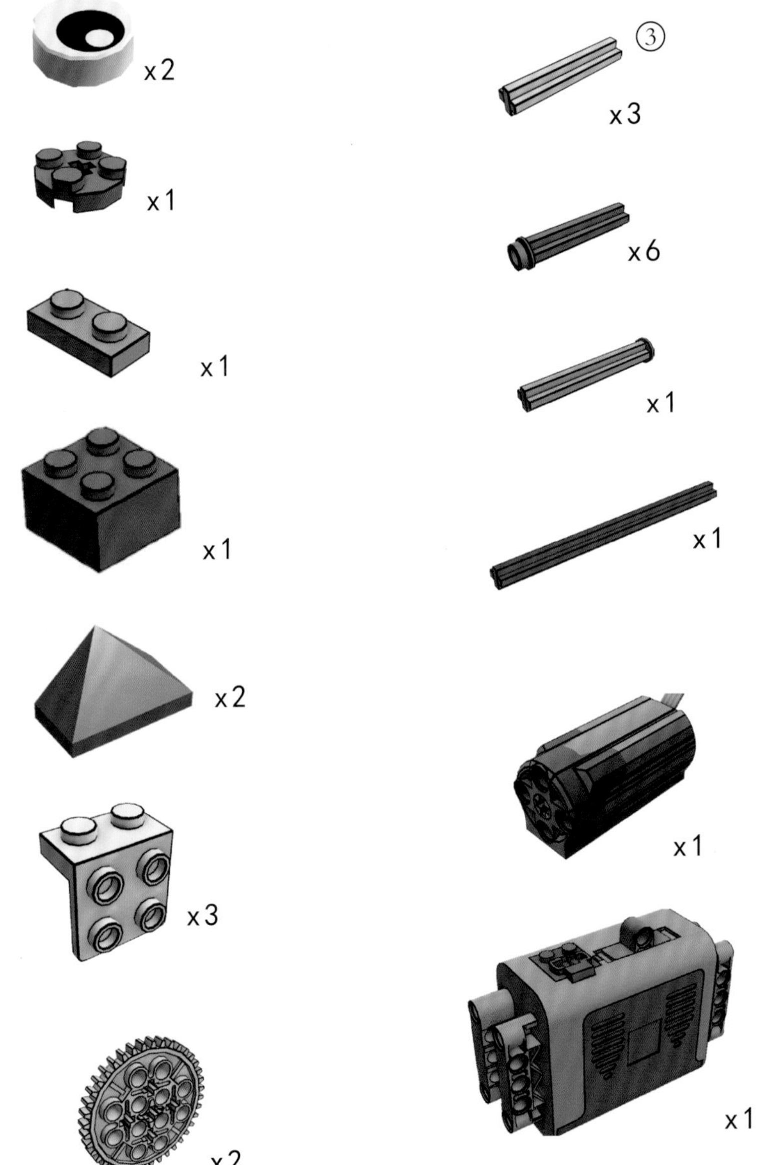
x2
x1
x1
x1
x2
x3
x2
③
x3
x6
x1
x1
x1
x1

第 2 章　元宵节——花灯

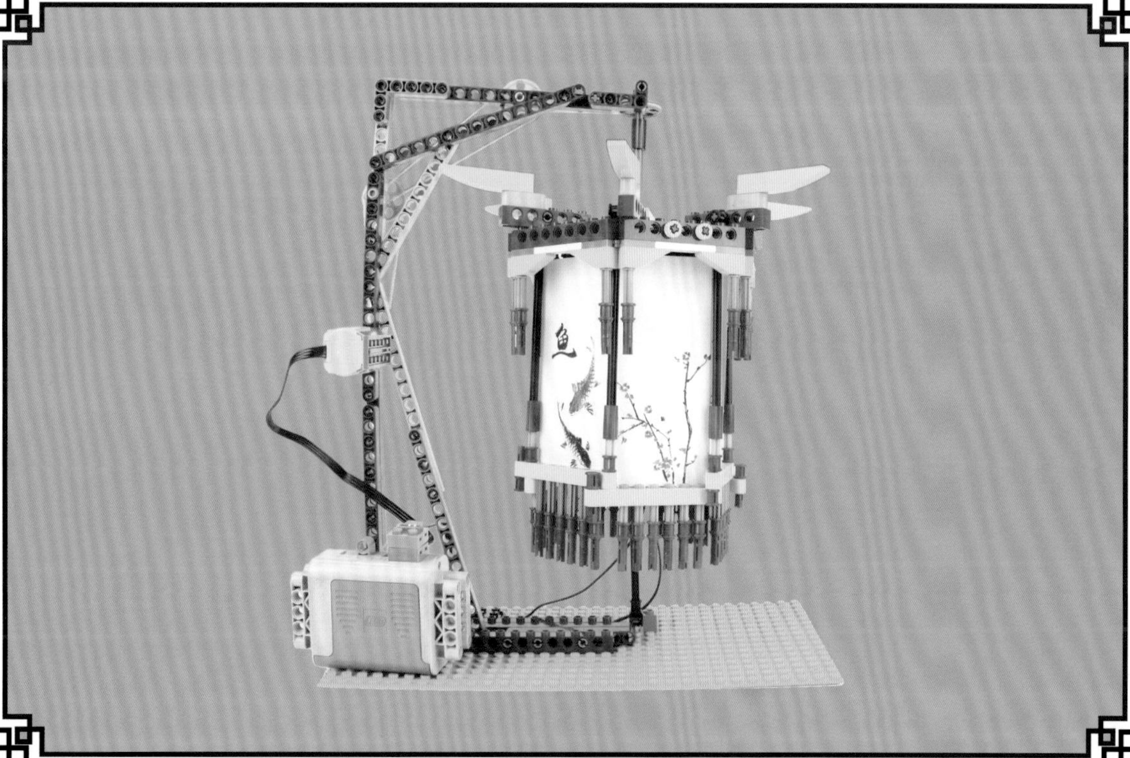

2.1 节日介绍

节日时间：农历正月十五

节日活动：赏灯、猜灯谜、耍龙灯、踩高跷

节日意义：传承与弘扬传统文化

节日起源：每年的农历正月十五是元宵节，又称上元节、元夕、灯节。正月是农历的元月，古人称夜为“宵”，所以把一年中第一个月圆之夜正月十五称为元宵节，将其视为一元复始、大地回春的夜晚，人们对此加以庆祝，也是庆贺新春的延续。

2.2 灵感来源

花灯，又名灯笼。灯笼是起源于中国的一种传统民间工艺品，在古代，其主要作用是照明，由纸或者绢作为灯笼的外皮，骨架通常使用竹或木条制作，中间放上蜡烛或者灯泡，成为照明工具。

花灯是中国古代传统文化的产物，兼具生活功能与艺术特色。现代社会多于春节、元宵等节日悬挂，为佳节喜日增光添彩、祈求平安。

2.3 方位图

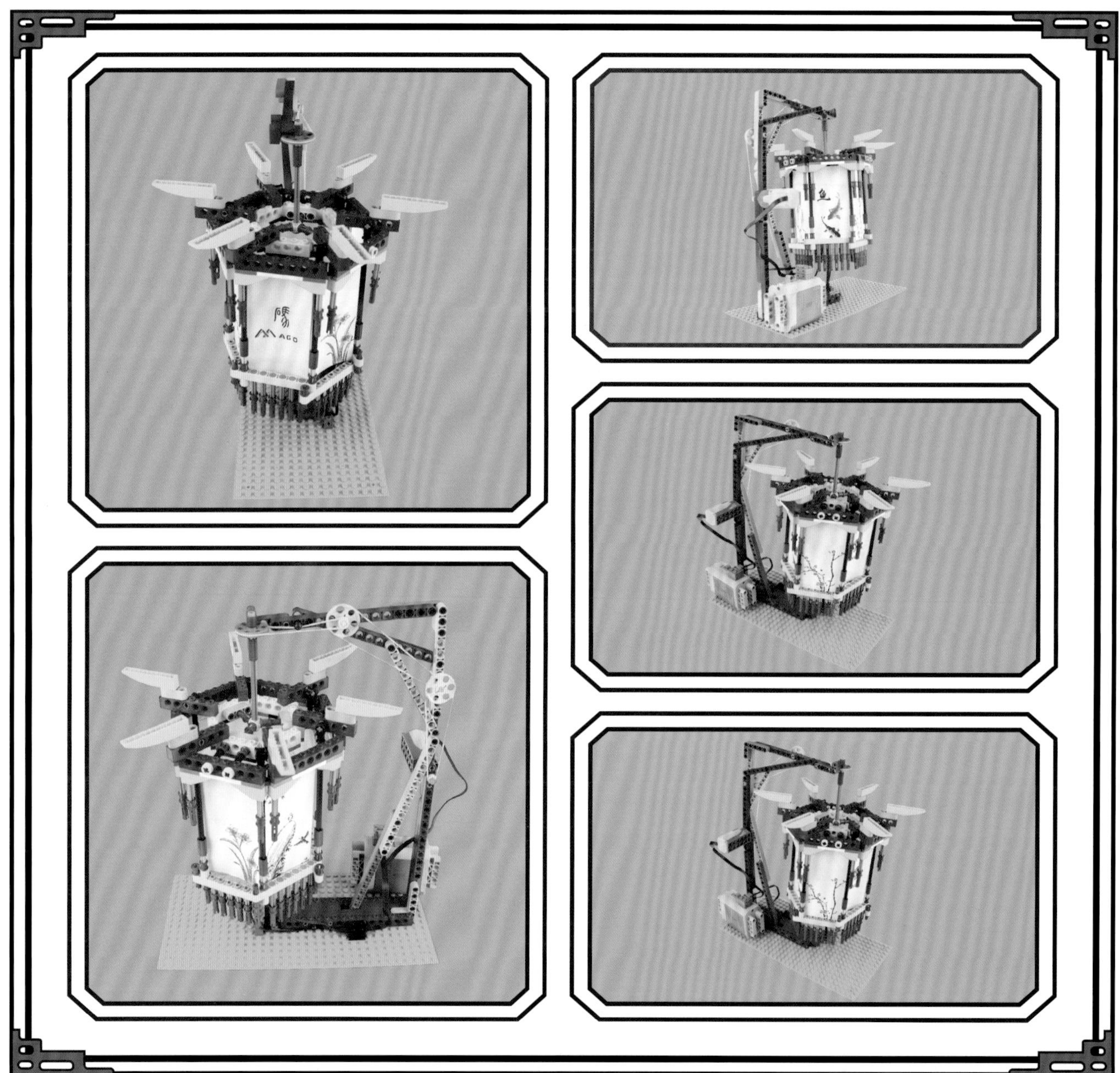

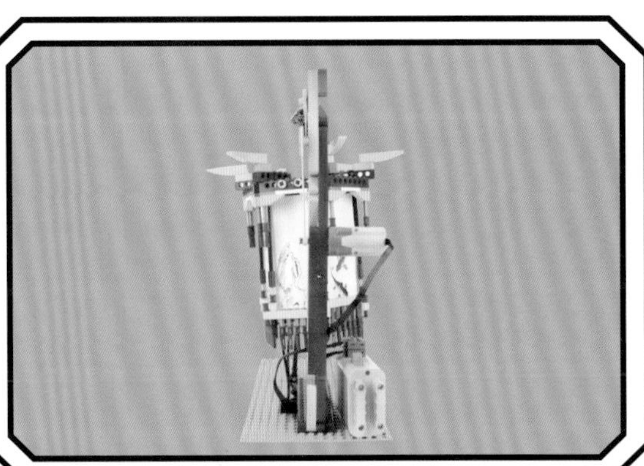

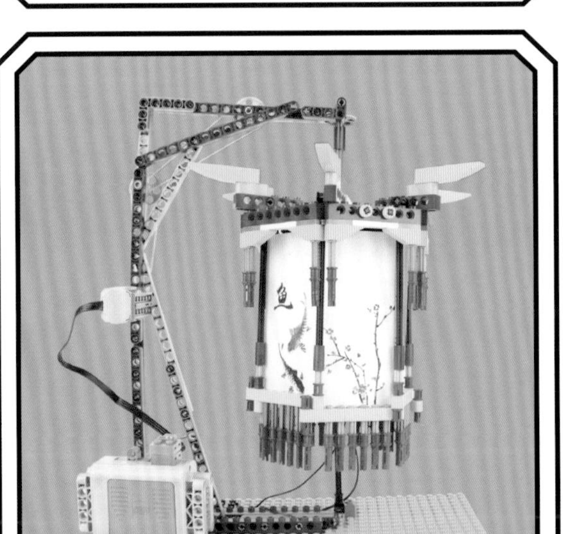

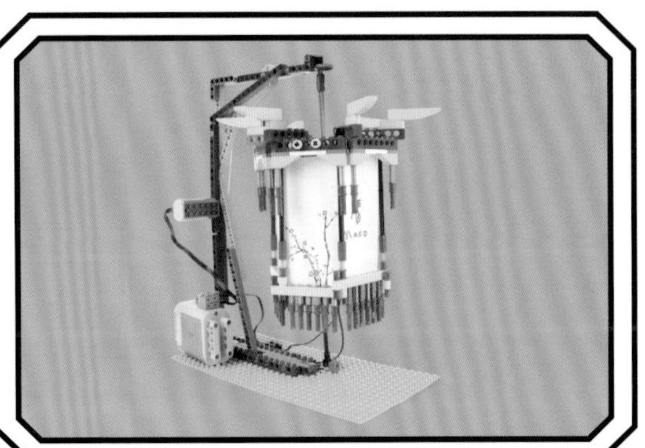

2.4 灯杆

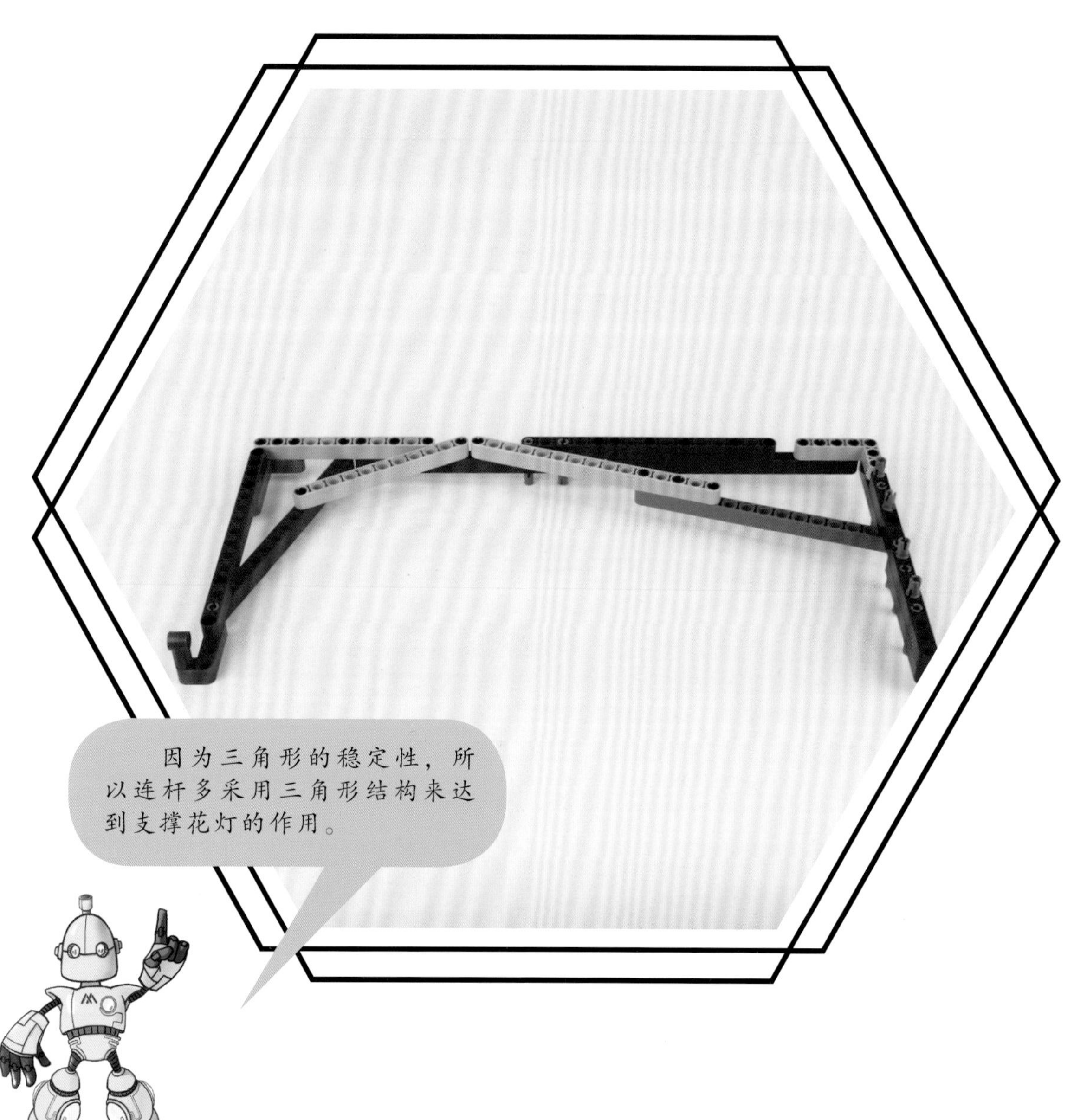

因为三角形的稳定性，所以连杆多采用三角形结构来达到支撑花灯的作用。

2.5 传动结构

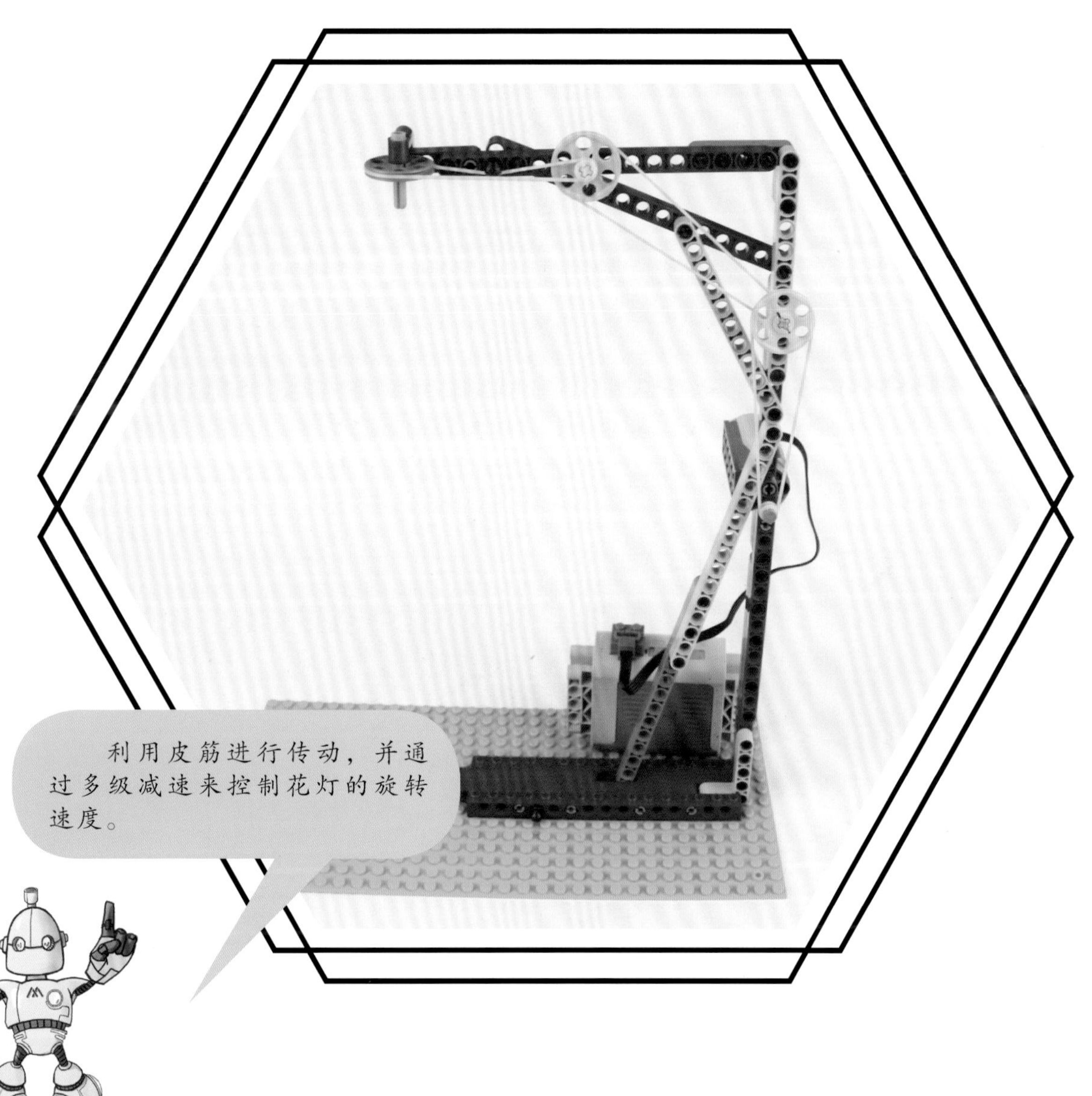

利用皮筋进行传动，并通过多级减速来控制花灯的旋转速度。

2.6 花灯

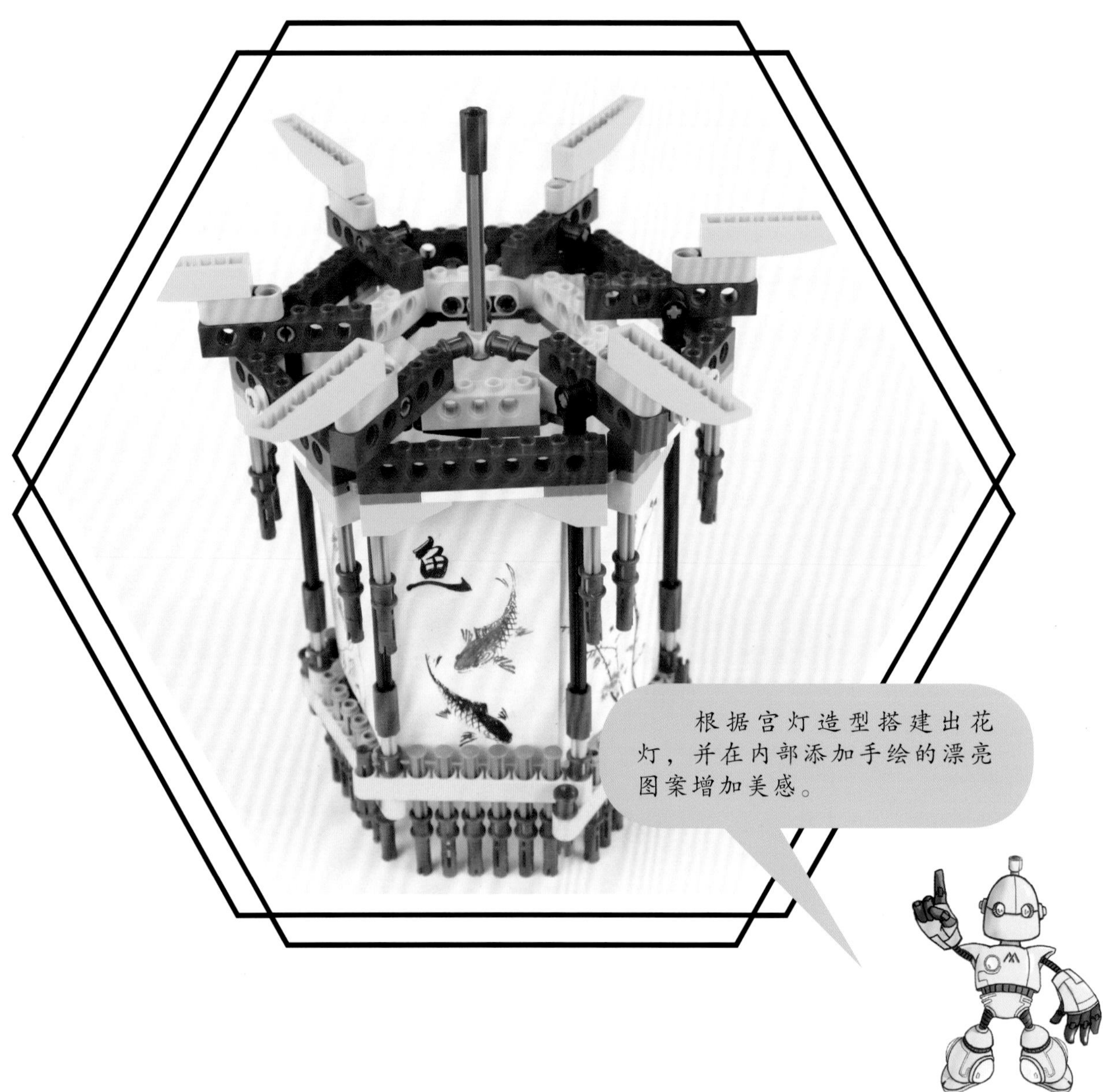

根据宫灯造型搭建出花灯，并在内部添加手绘的漂亮图案增加美感。

2.7　零件准备

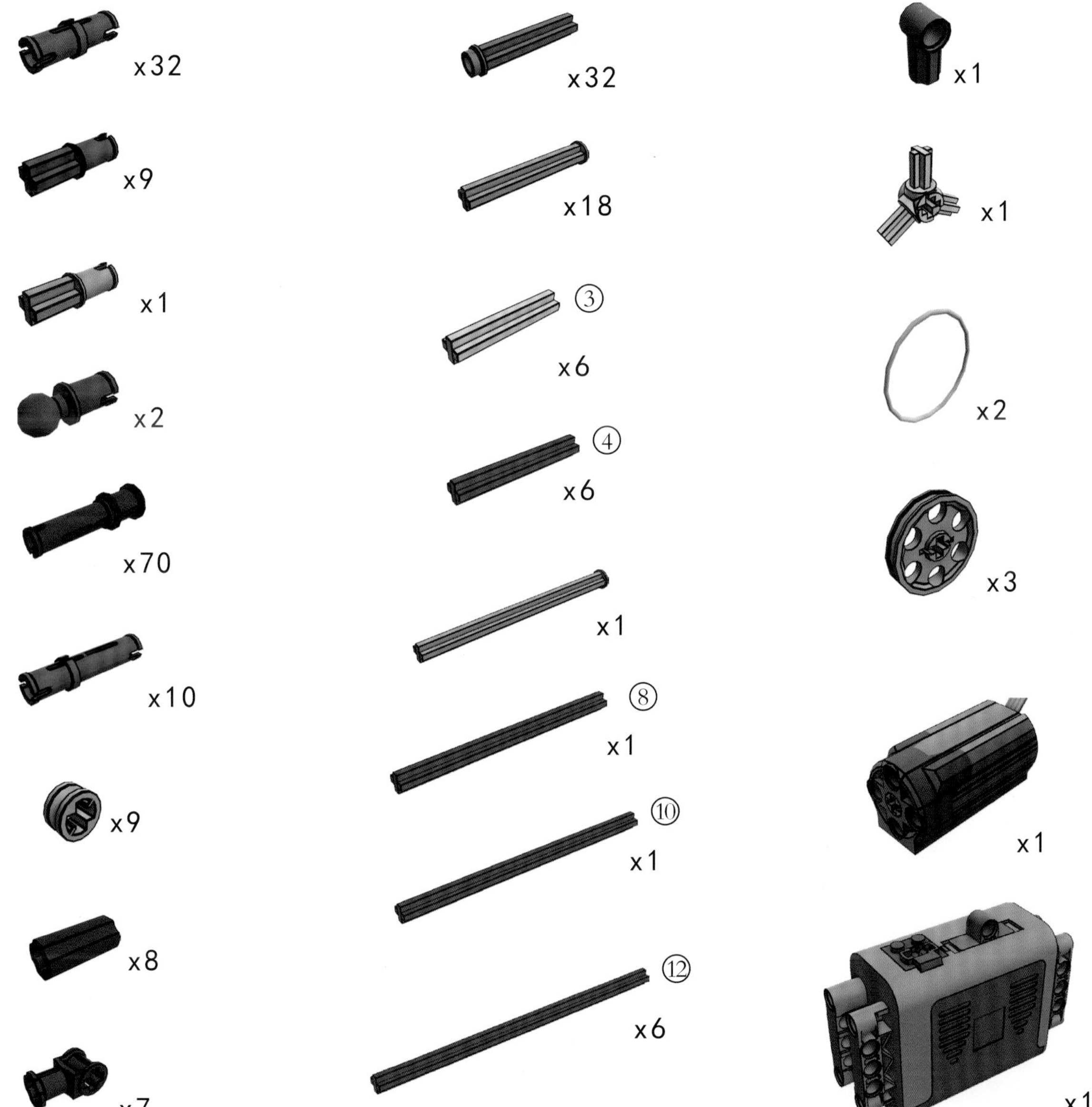
x32
x9
x1
x2
x70
x10
x9
x8
x7
x32
x18
③
x6
④
x6
x1
⑧
x1
⑩
x1
⑫
x6
x1
x1
x2
x3
x1
x1

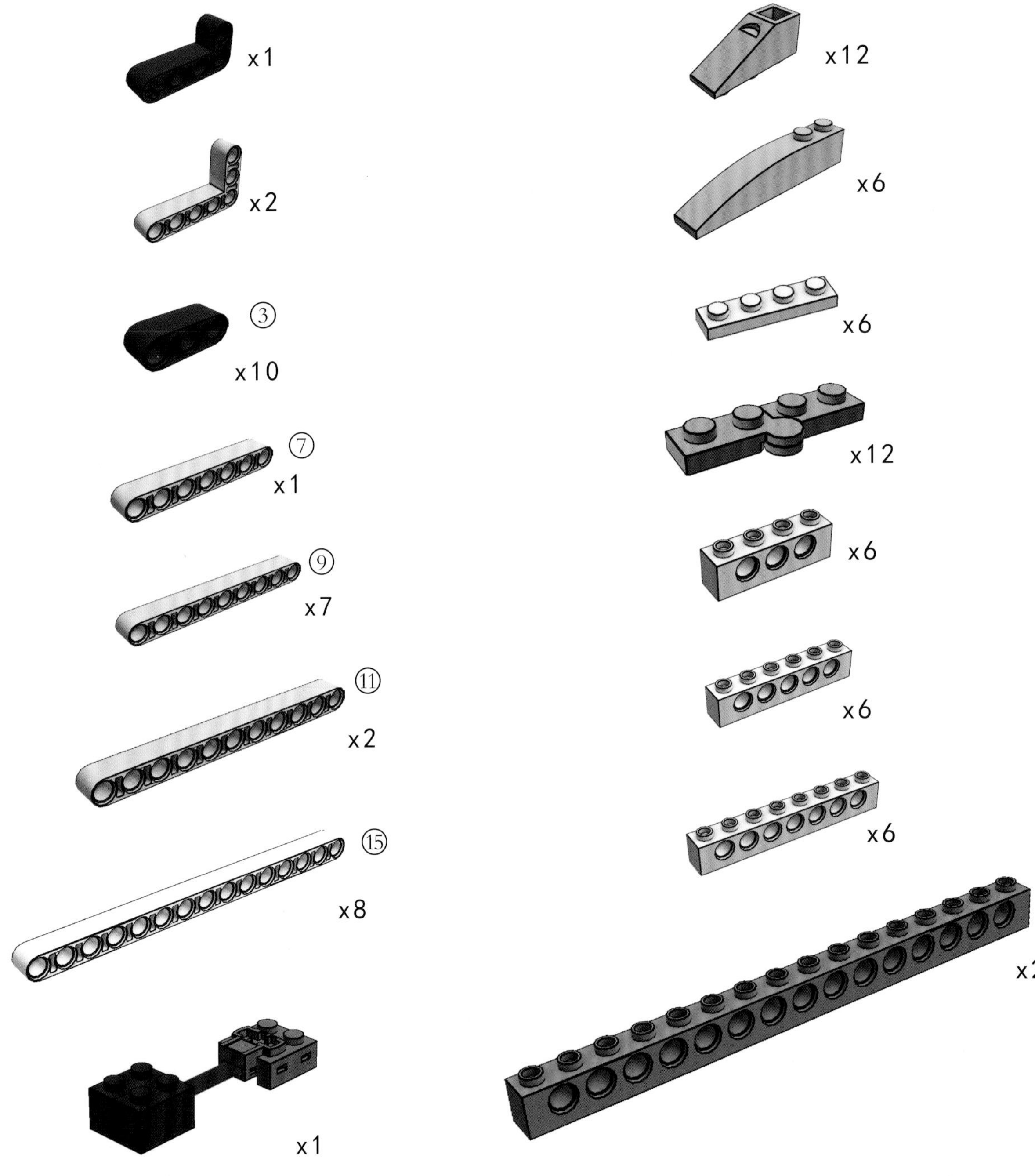
x1
x2
③
x10
⑦
x1
⑨
x7
⑪
x2
⑮
x8
x1
x12
x6
x6
x12
x6
x6
x6
x2

第 3 章　清明节——扫墓车

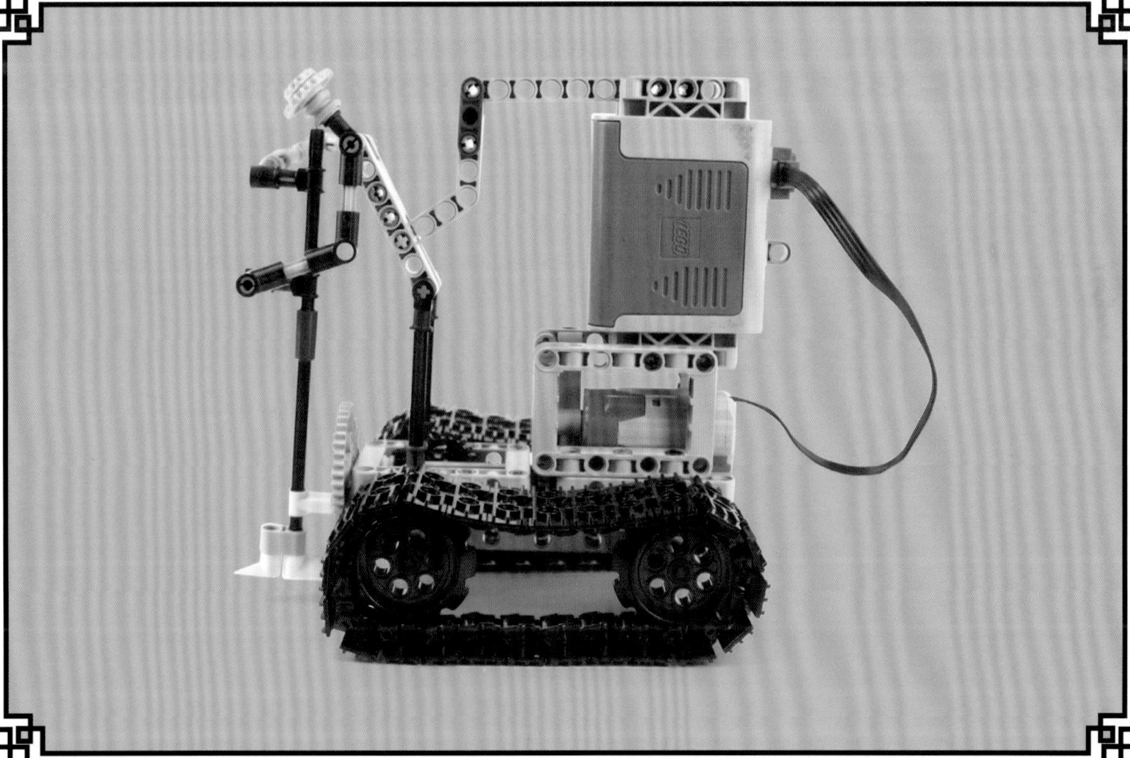

3.1 节日介绍

节日时间：一般在公历 4 月 5 日前后，即春分后第 15 日

节日活动：扫墓祭祖、踏青郊游

节日意义：礼敬祖先，亲近自然

节日起源：清明兼具两大内涵，既是自然节气点，也是传统节日。节日习俗的形成与此时的节气特点密切相关。节气为节日的产生提供了前提条件。清明为中国二十四节气之一。二十四节气是古人依据地球在黄道上的位置变化而制定的气候规律，比较客观地反映了一年四季气温、物候、降雨等方面的变化，对人们安排农事生产活动有不可或缺的指导意义。清明节后气温变暖，雨水增多，大地呈现春和景明之象。这一时节万物“吐故纳新”，无论是大自然中的植被，还是与自然共处的人体，都在此时换去冬天的污浊，迎来春天的气息，实现由阴到阳的转化。所以清明对于古代农事生产而言是一个重要的节气。

3.2 灵感来源

扫墓习俗在秦代以前就有了，不过当时不一定在清明的时候开始，而清明扫墓则是秦代以后的事。直到唐朝才开始盛行。而南方有很多地方在冬至扫墓。

3.3 方位图

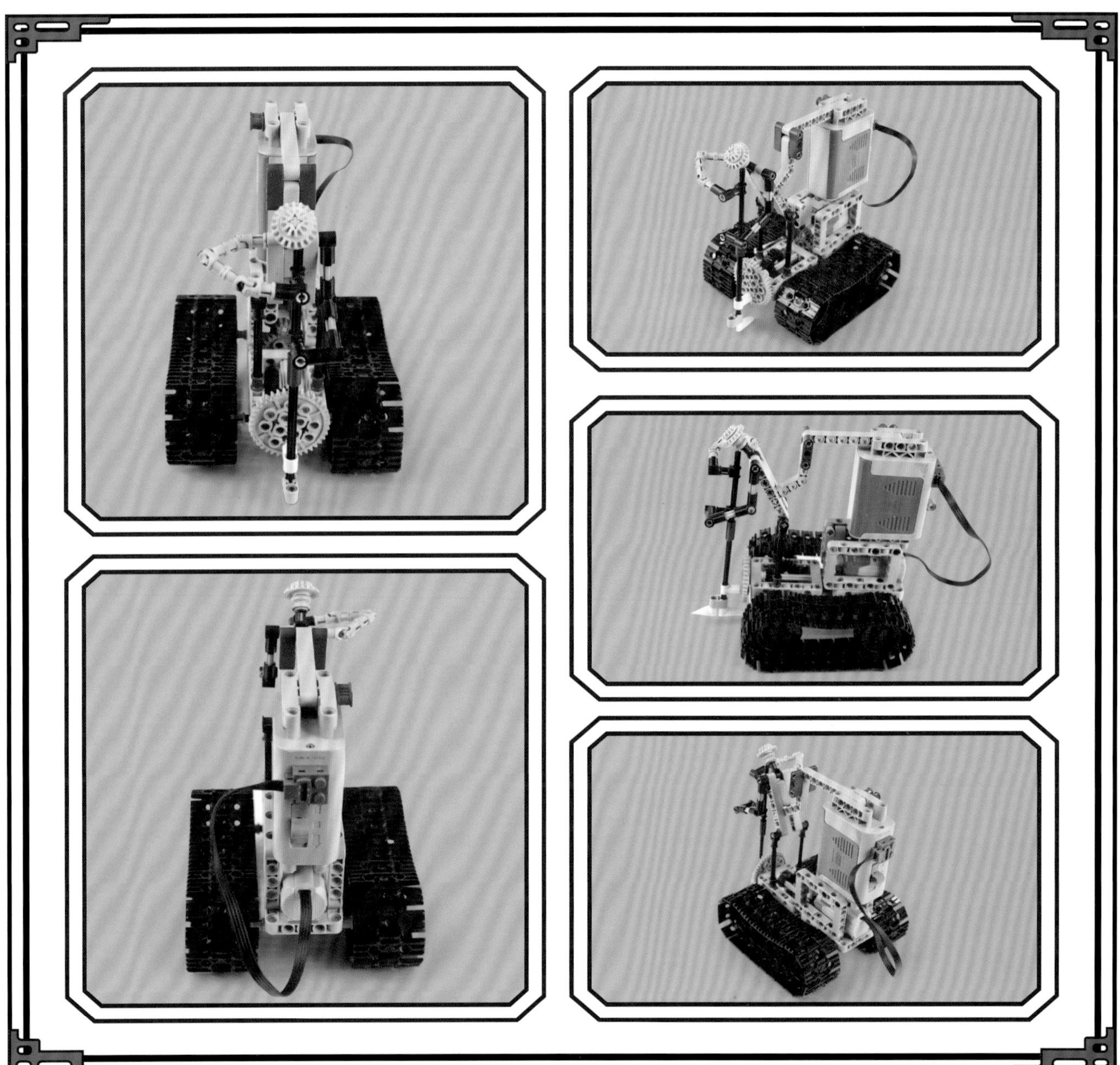

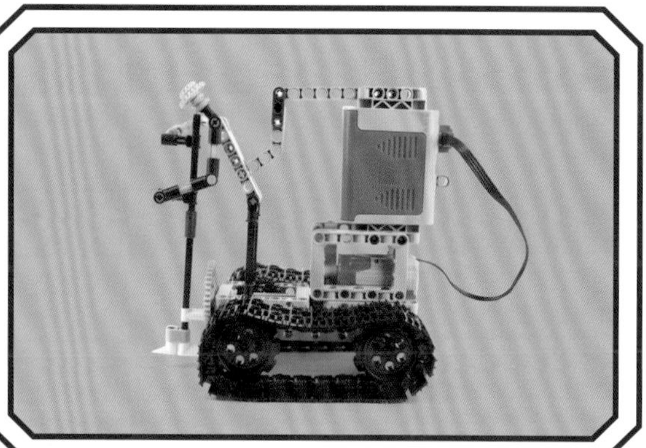

3.4 履带车

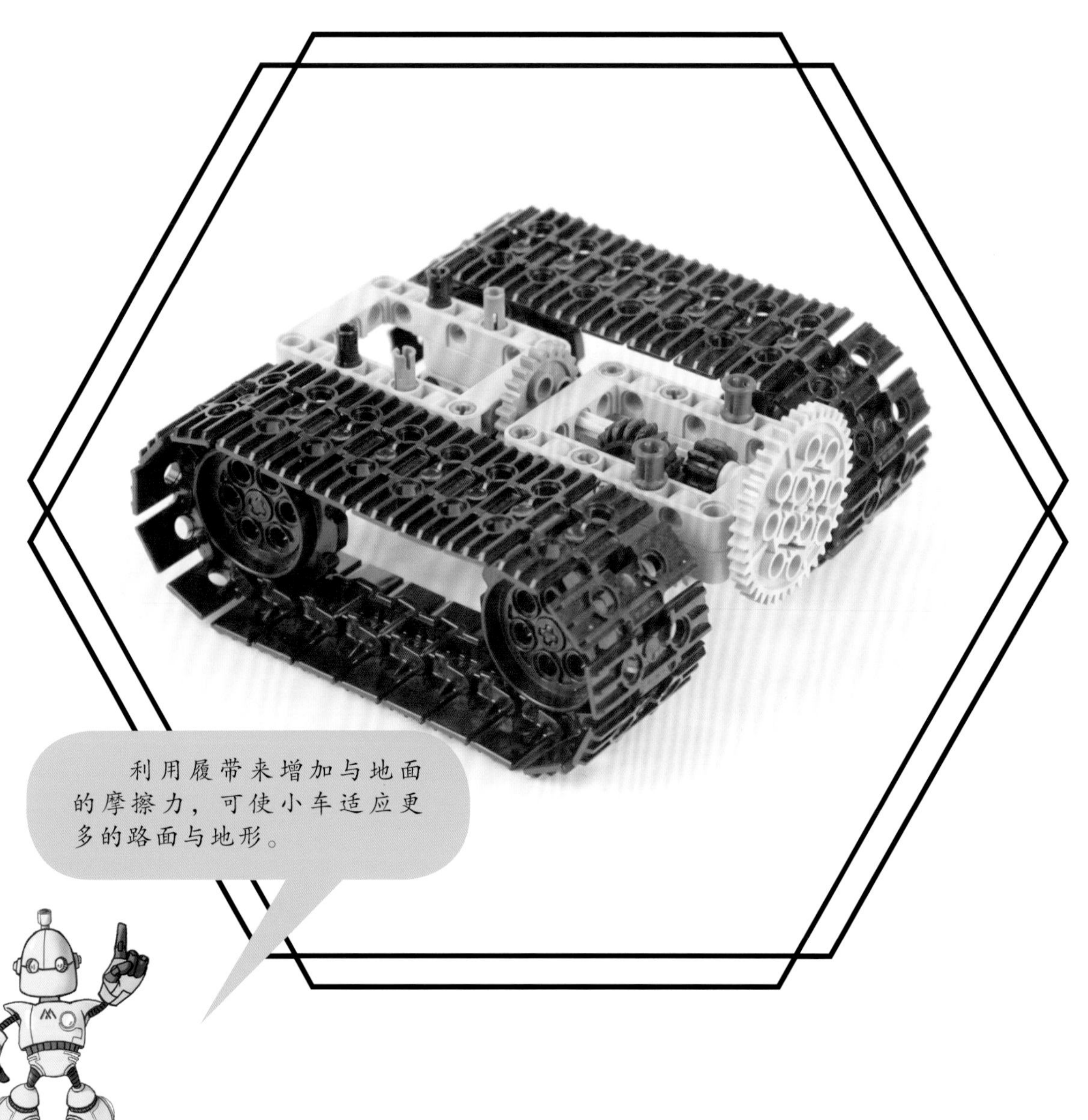

利用履带来增加与地面的摩擦力，可使小车适应更多的路面与地形。

3.5 扫地人物

用万向节搭建扫地人物的胳膊，可完成扫地动作。

3.6 斜面传动结构

3.7 零件准备

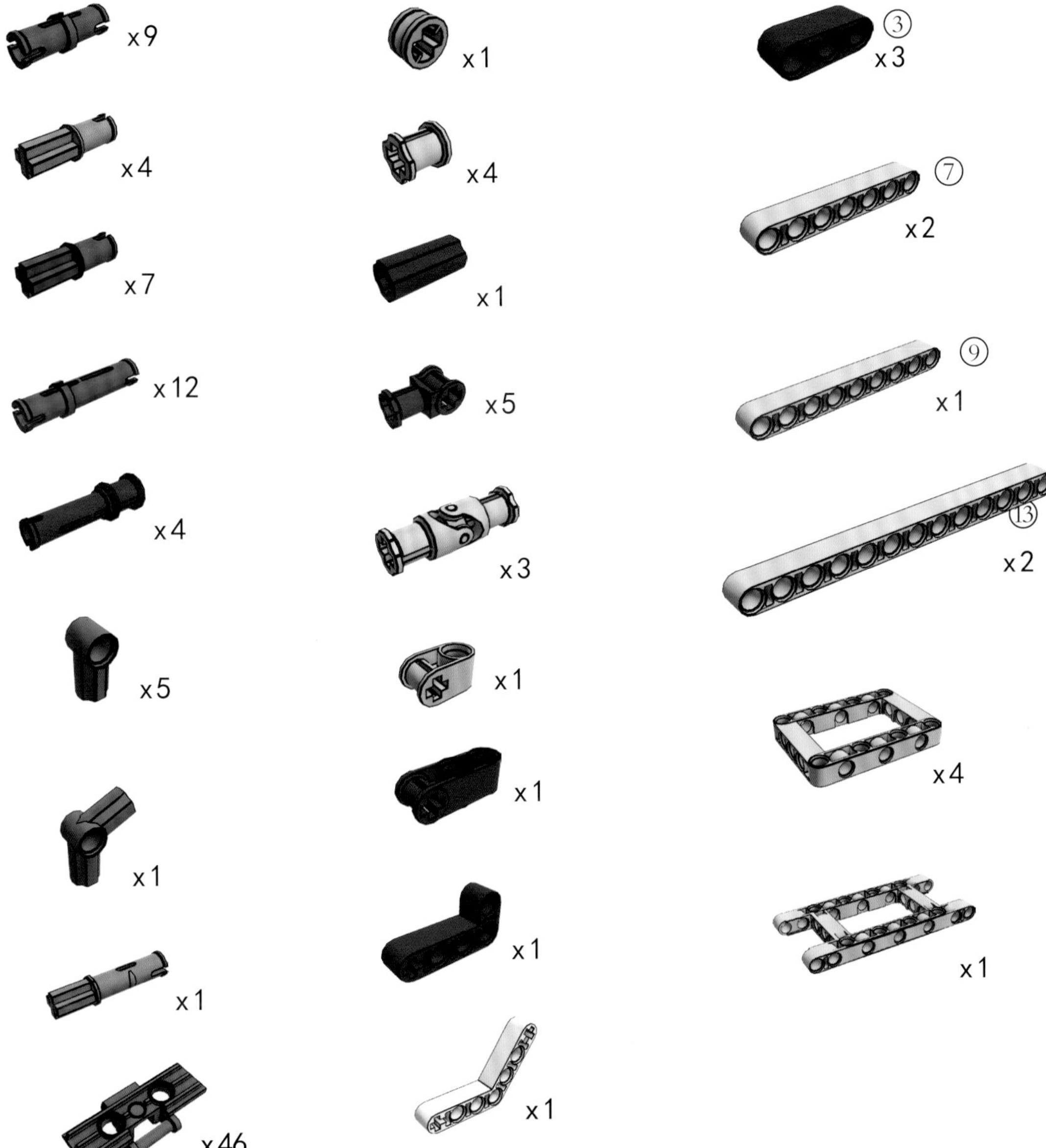
x9
x4
x7
x12
x4
x5
x1
x1
x46
x1
x4
x1
x5
x3
x1
x1
x1
x1
3
x3
7
x2
9
x1
13
x2
x4
x1

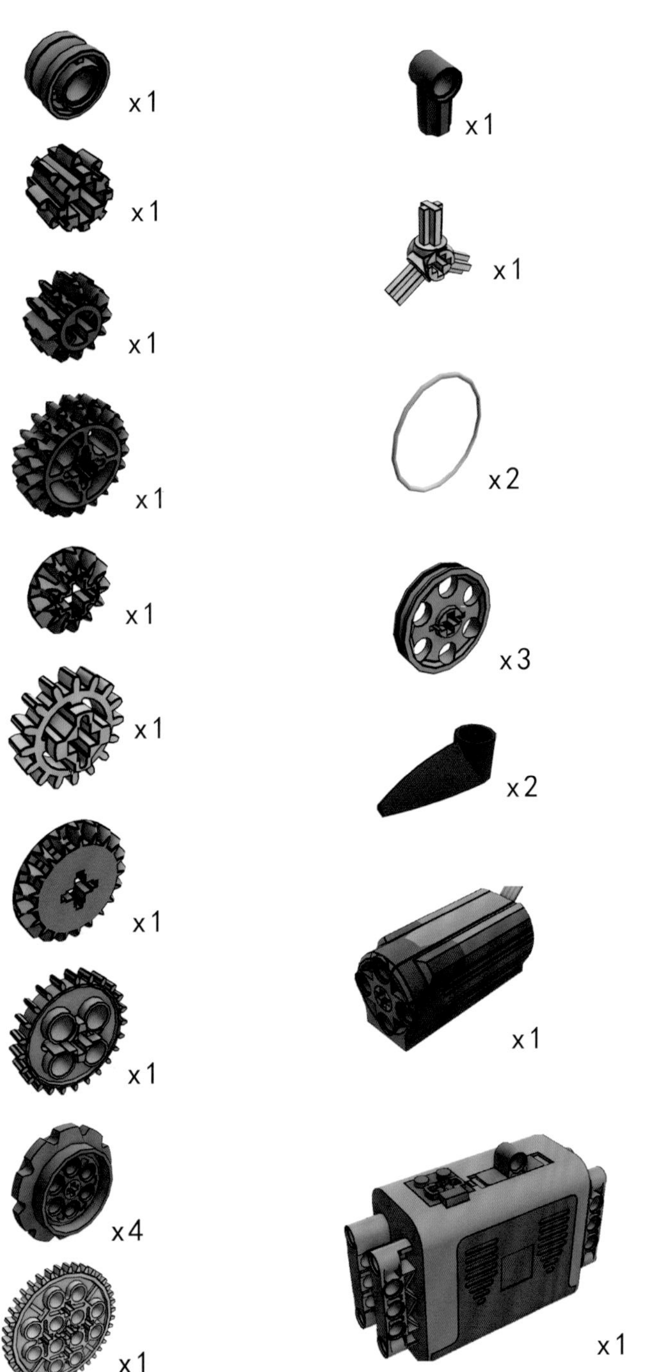
x 1
x 1
x 1
x 1
x 1
x 1
x 1
x 1
x 4
x 1
x 1
x 1
x 2
x 3
x 2
x 1
x 1

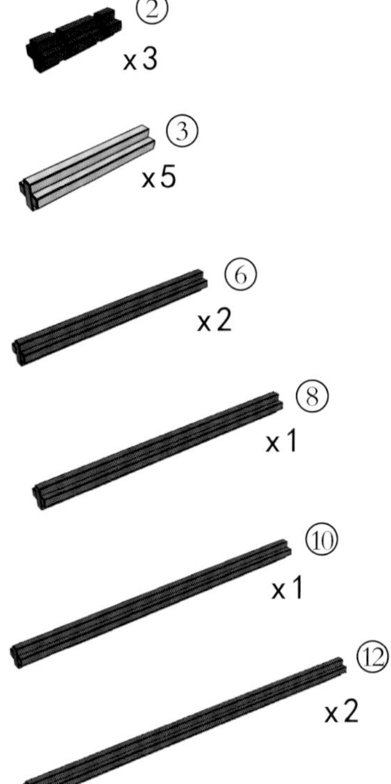
②
x 3
③
x 5
⑥
x 2
⑧
x 1
⑩
x 1
⑫
x 2

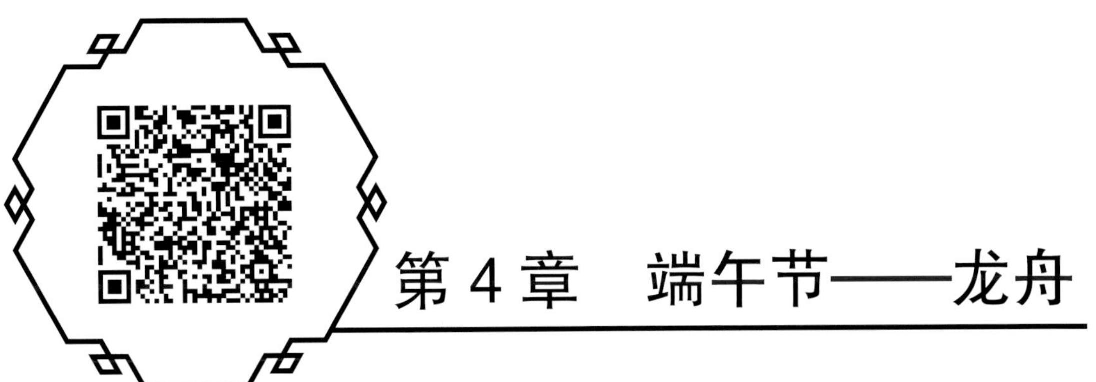

第 4 章　端午节——龙舟

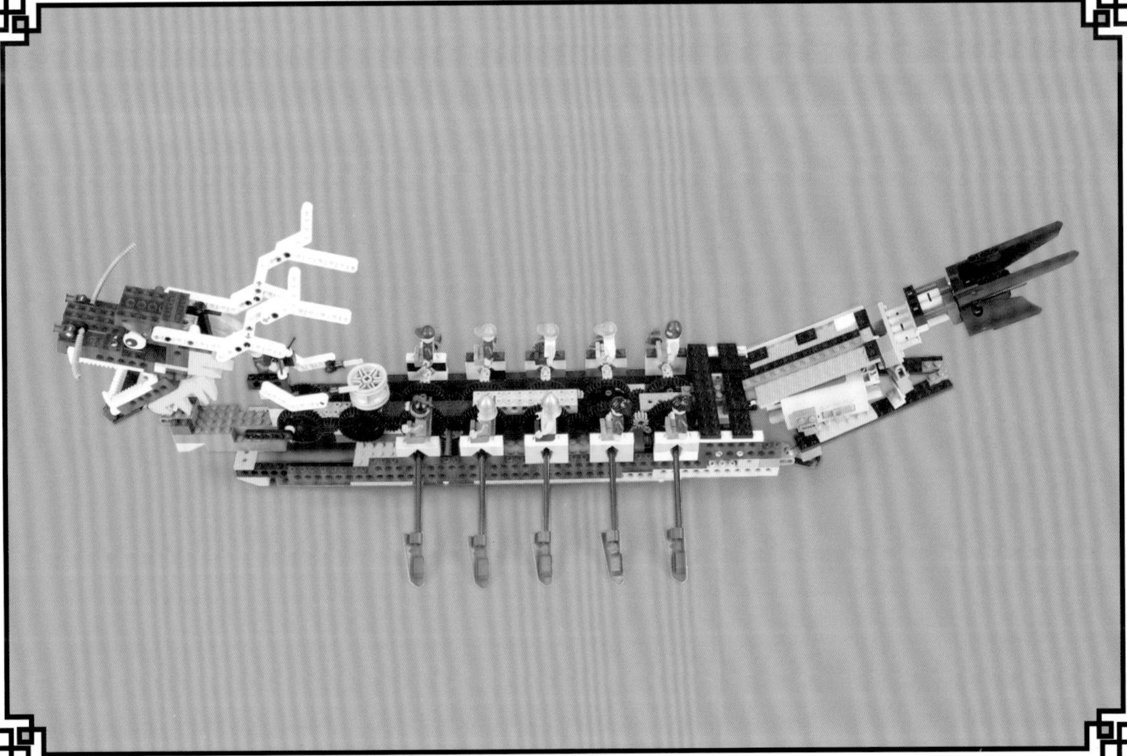

4.1 节日介绍

节日时间： 农历五月初五

节日活动： 赛龙舟、吃粽子、放纸鸢、挂艾草等

节日意义： 传承与弘扬传统文化

节日起源： 端午节，是中华民族古老的民俗节日之一。因战国时期的楚国诗人屈原在端午节抱石跳汨罗江自尽，后亦将端午节作为纪念屈原的节日。

4.2　灵感来源

赛龙舟是中国端午节的习俗之一，在中国南方地区普遍存在，在北方靠近河湖的城市也有赛龙舟习俗。

2011 年 5 月 23 日，赛龙舟经国务院批准列入第三批国家级非物质文化遗产名录。

4.3 方位图

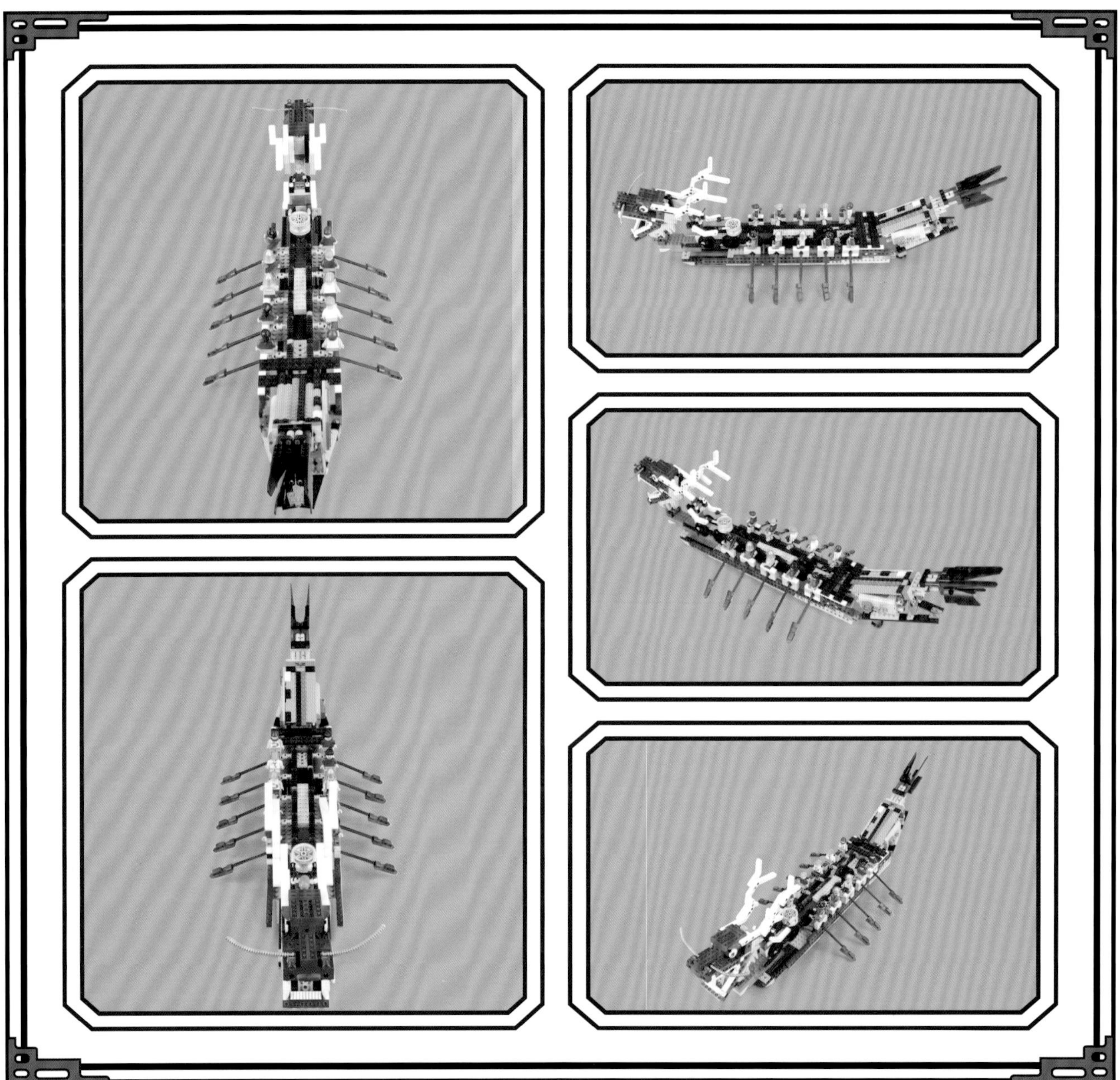

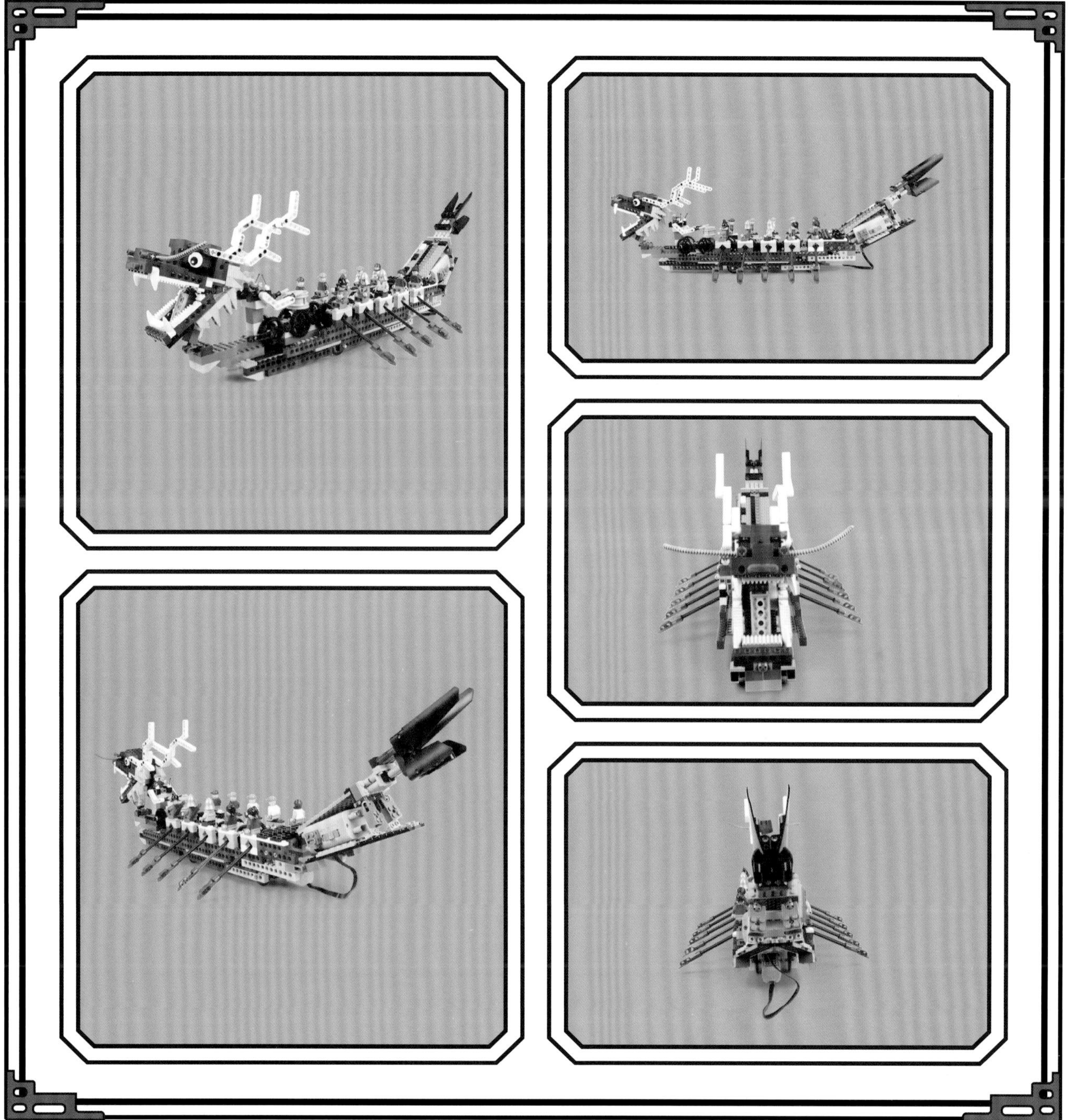

4.4 船身

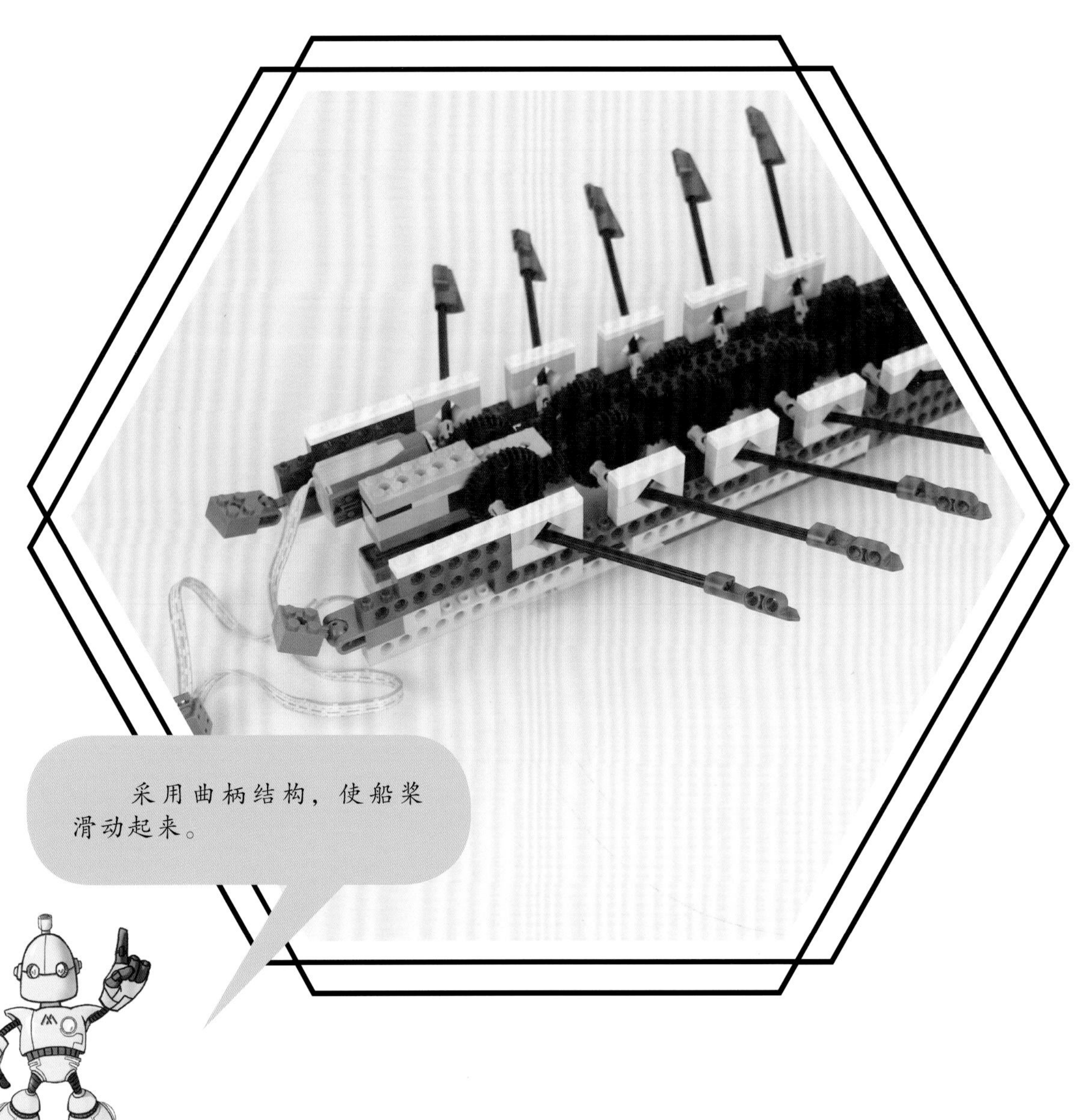

采用曲柄结构，使船桨滑动起来。

4.5　船艉

后侧船板位置，利用板建搭建出一个空间，既可容纳电池盒，又可作为船舱。

4.6 龙头

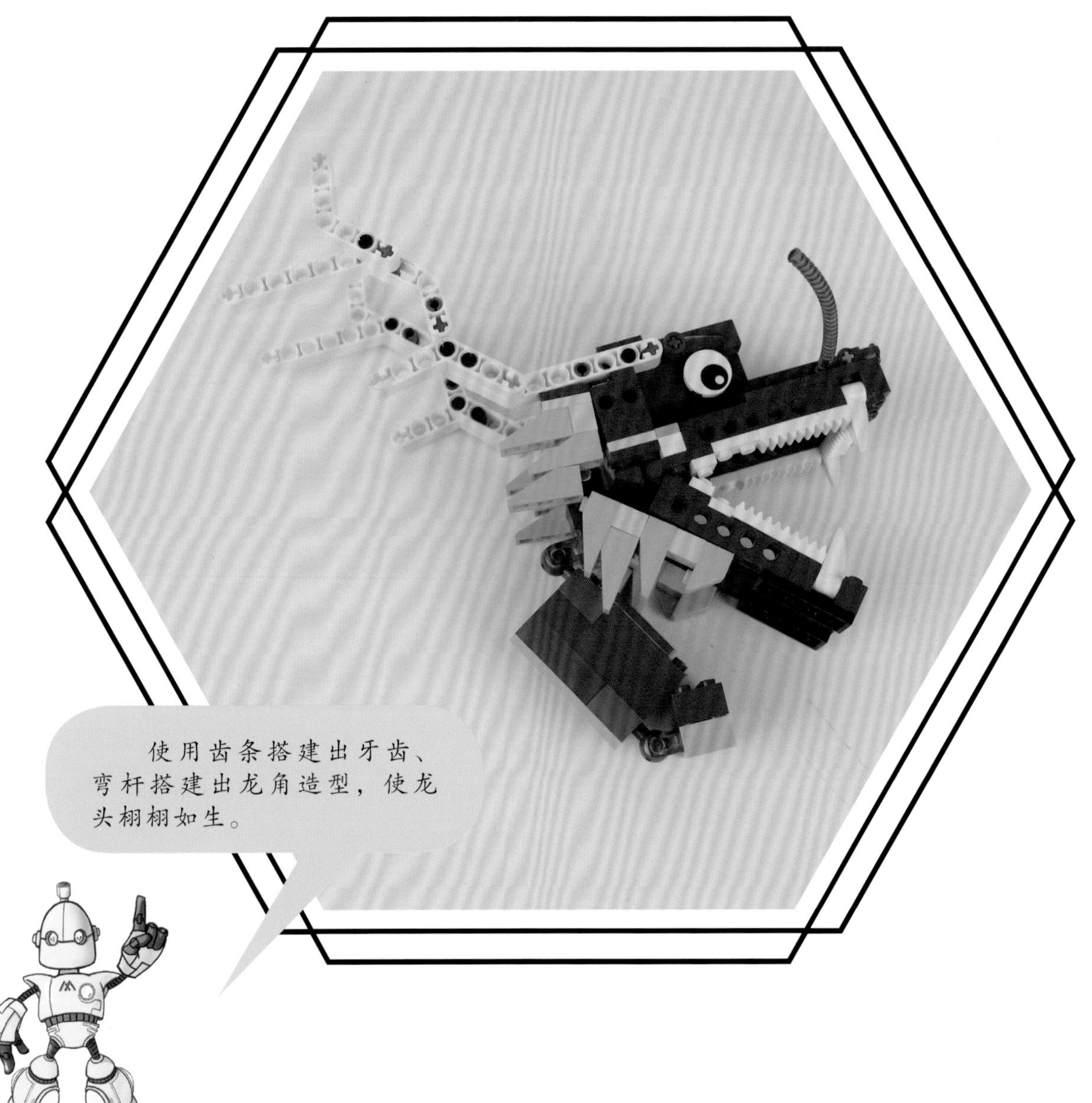

使用齿条搭建出牙齿、弯杆搭建出龙角造型，使龙头栩栩如生。

4.7　鼓槌

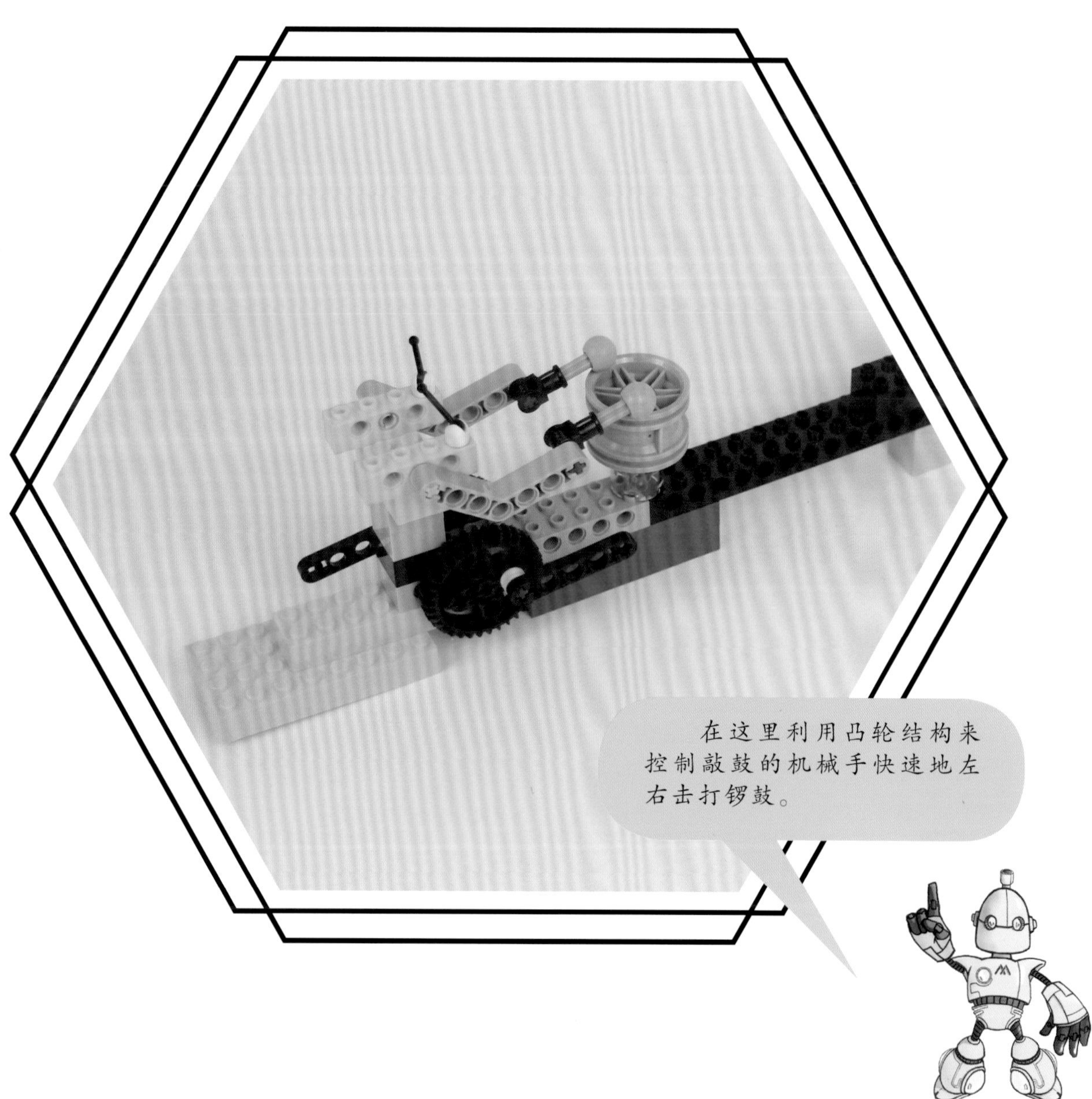

在这里利用凸轮结构来控制敲鼓的机械手快速地左右击打锣鼓。

4.8 涡轮结构

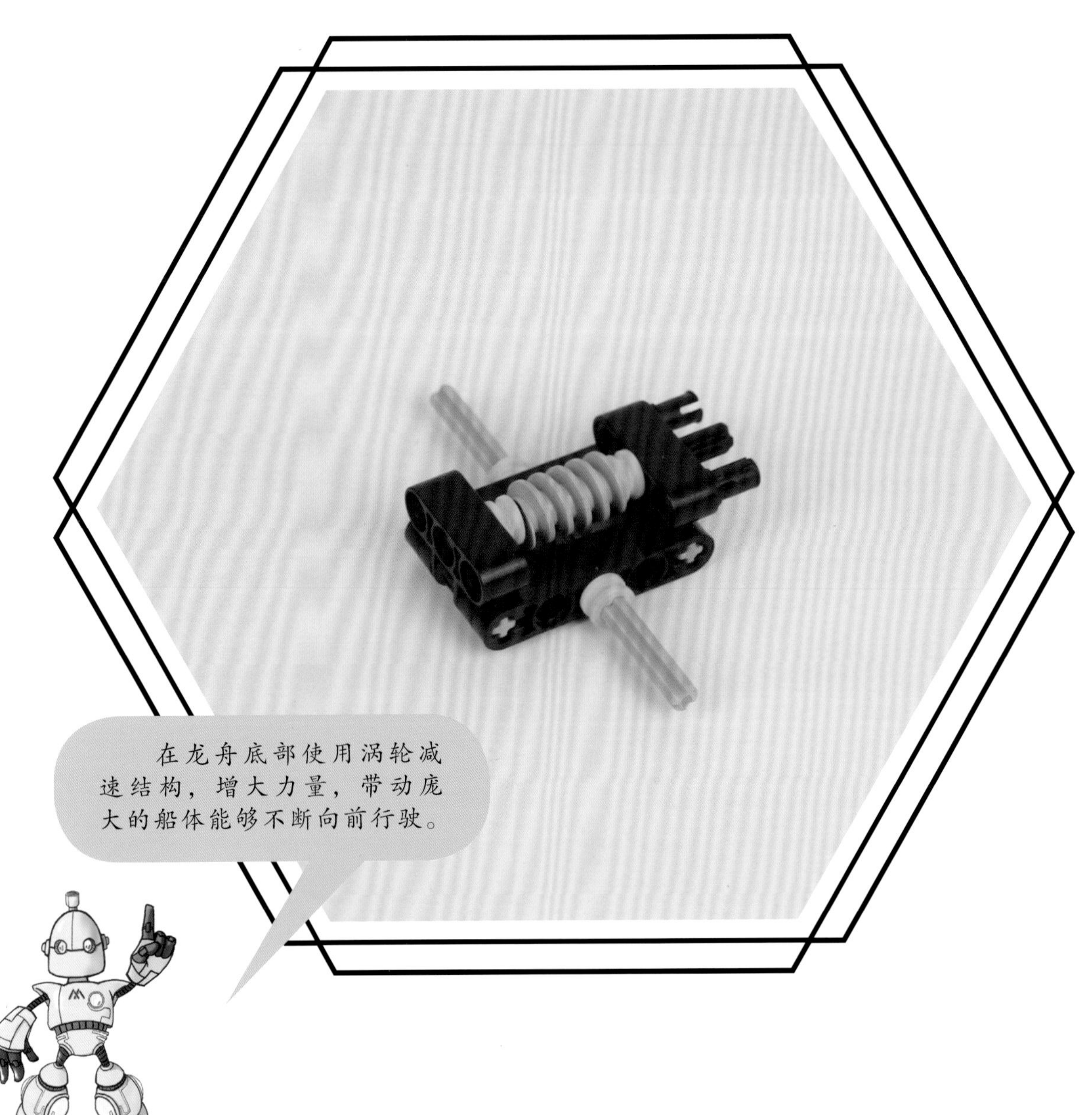

4.9　零件准备

x2
x17
x26
x2
x2
x12
x4
x4
x9
x2
x6
x1
x11
x1
x1
x13
x4
x4
x1

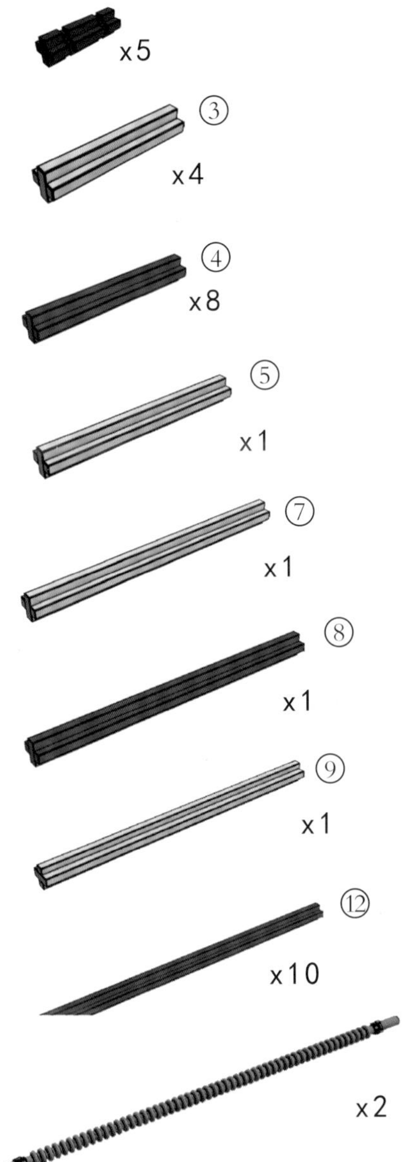
x5
③
x4
④
x8
⑤
x1
⑦
x1
⑧
x1
⑨
x1
⑫
x10
x2

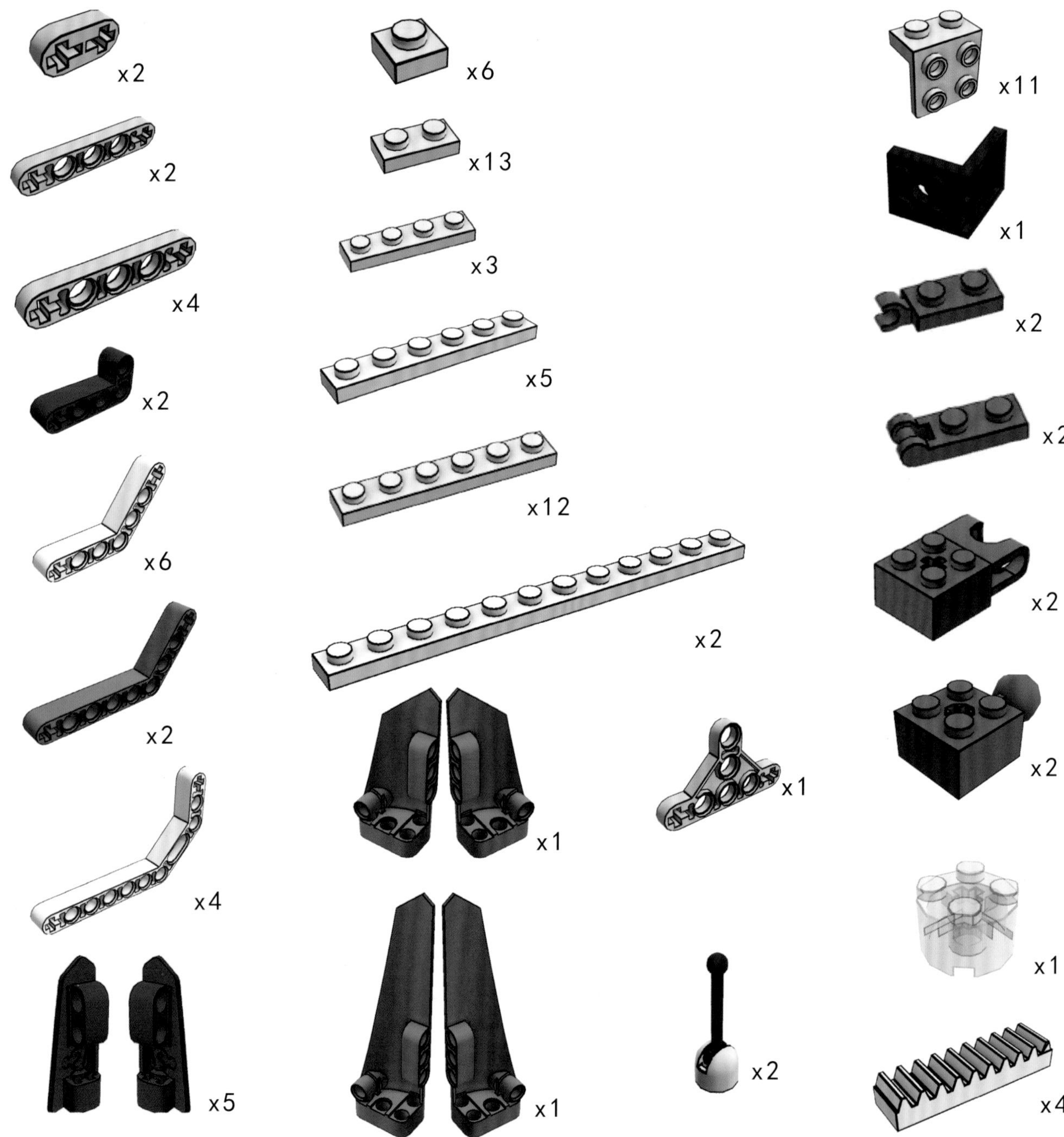
x2
x6
x11
x2
x13
x1
x4
x3
x2
x2
x5
x2
x6
x12
x2
x2
x2
x2
x1
x1
x4
x1
x5
x1
x2
x4

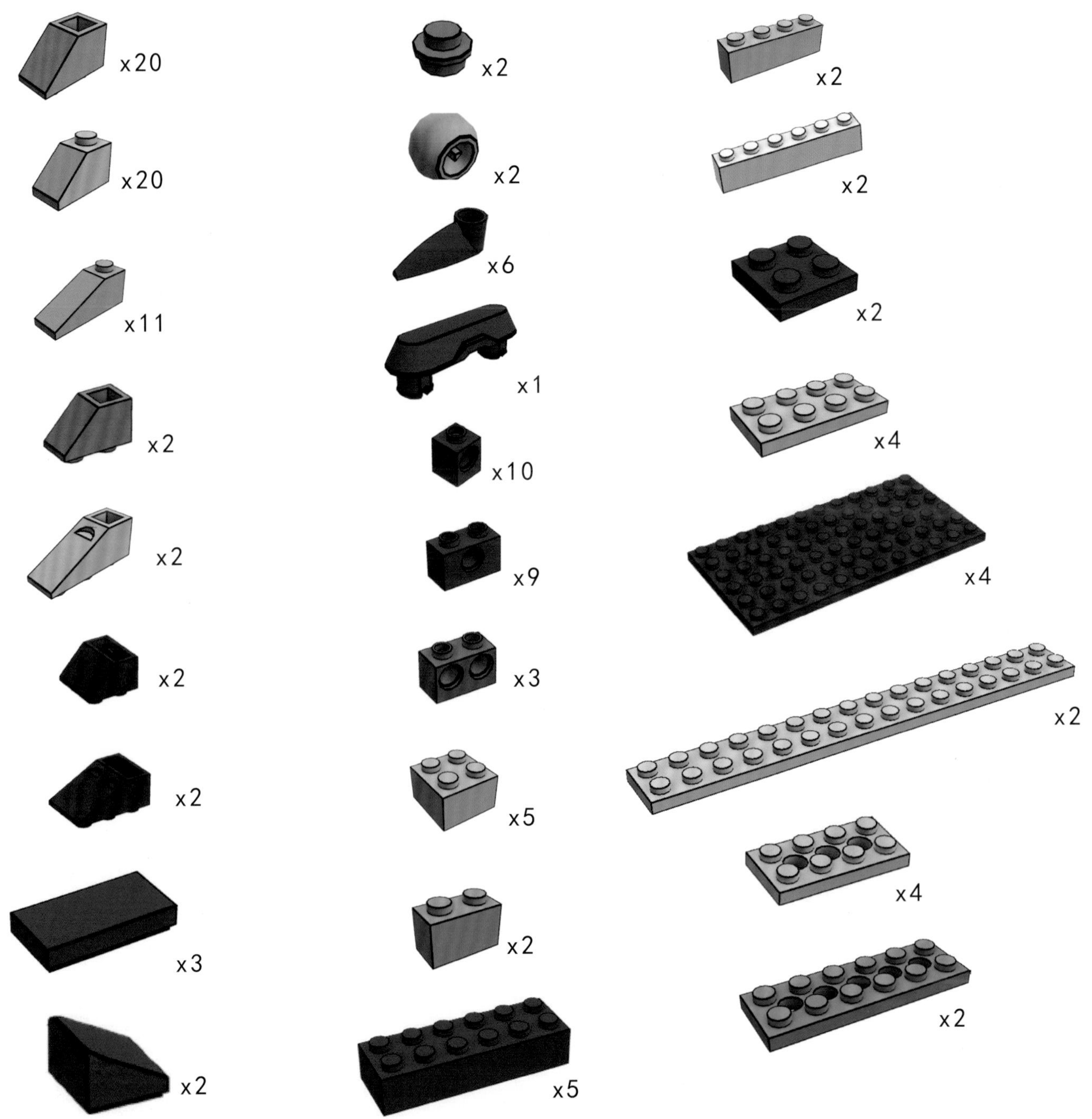
x20
x20
x11
x2
x2
x2
x2
x3
x2
x2
x2
x6
x1
x10
x9
x3
x5
x2
x5
x2
x2
x2
x4
x4
x2
x4
x2

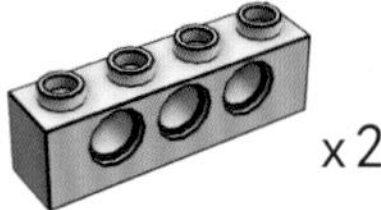
x2

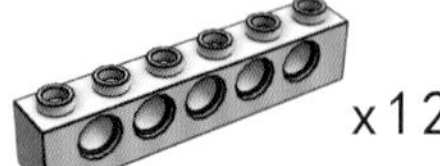
x12

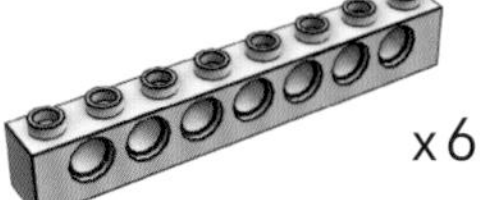
x6

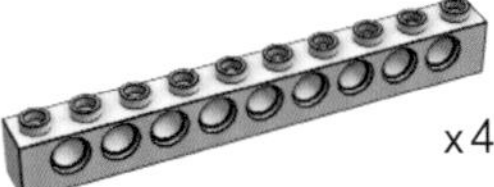
x4

x2

x20

x11

x2

x2

x1

x2

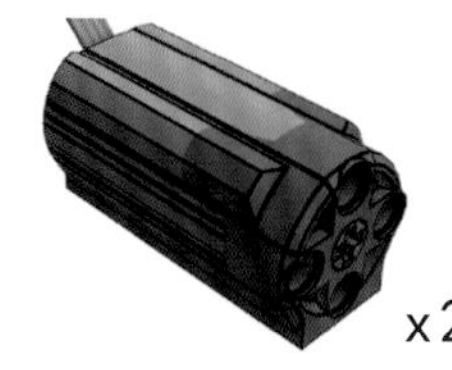
x2

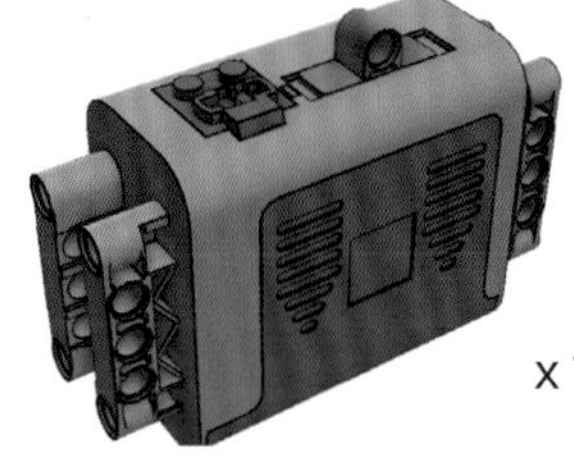
x1

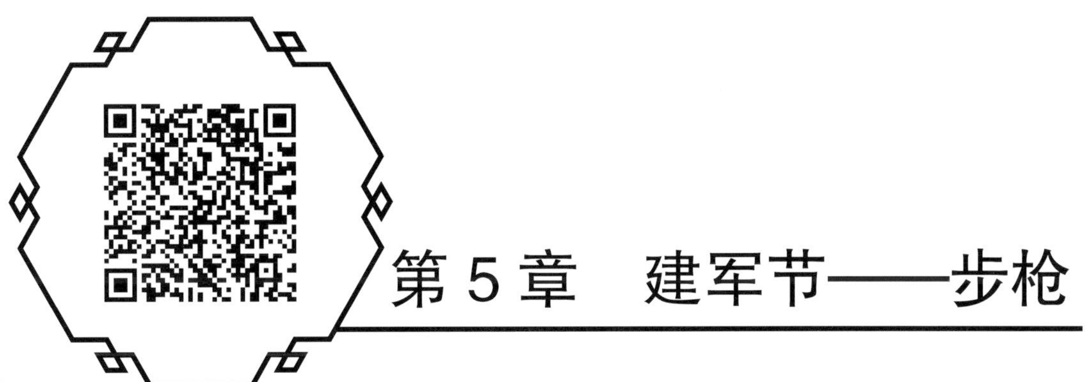

第 5 章　建军节——步枪

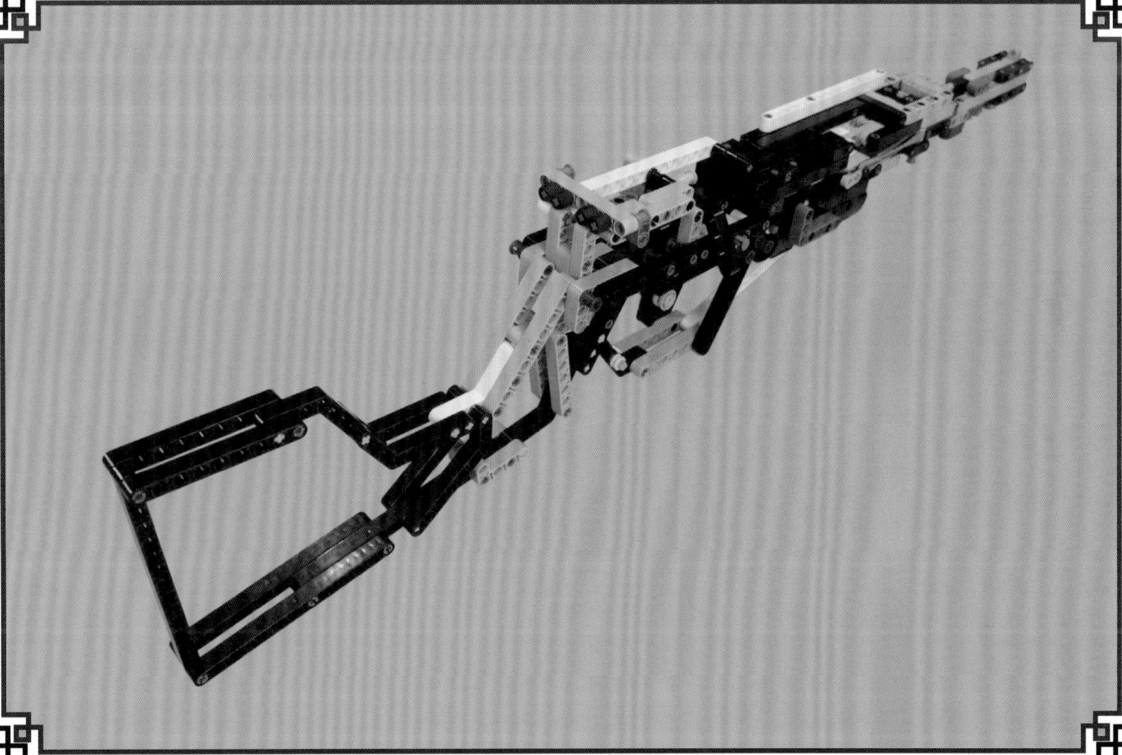

5.1 节日介绍

节日时间： 公历 8 月 1 日

节日意义： 纪念中国工农红军成立

节日起源： 八一建军节是中国人民解放军建军纪念日。1949 年 6 月 15 日，中国人民革命军事委员会发布命令，以“八一”两字作为中国人民解放军军旗和军徽的主要标志。中华人民共和国成立后，将此纪念日改称为中国人民解放军建军节。

5.2　灵感来源

步枪是解放战争时期我军部队使用的主要装备，用于发射枪弹，杀伤暴露的有生目标，有效射程一般为 400 米。

5.3 方位图

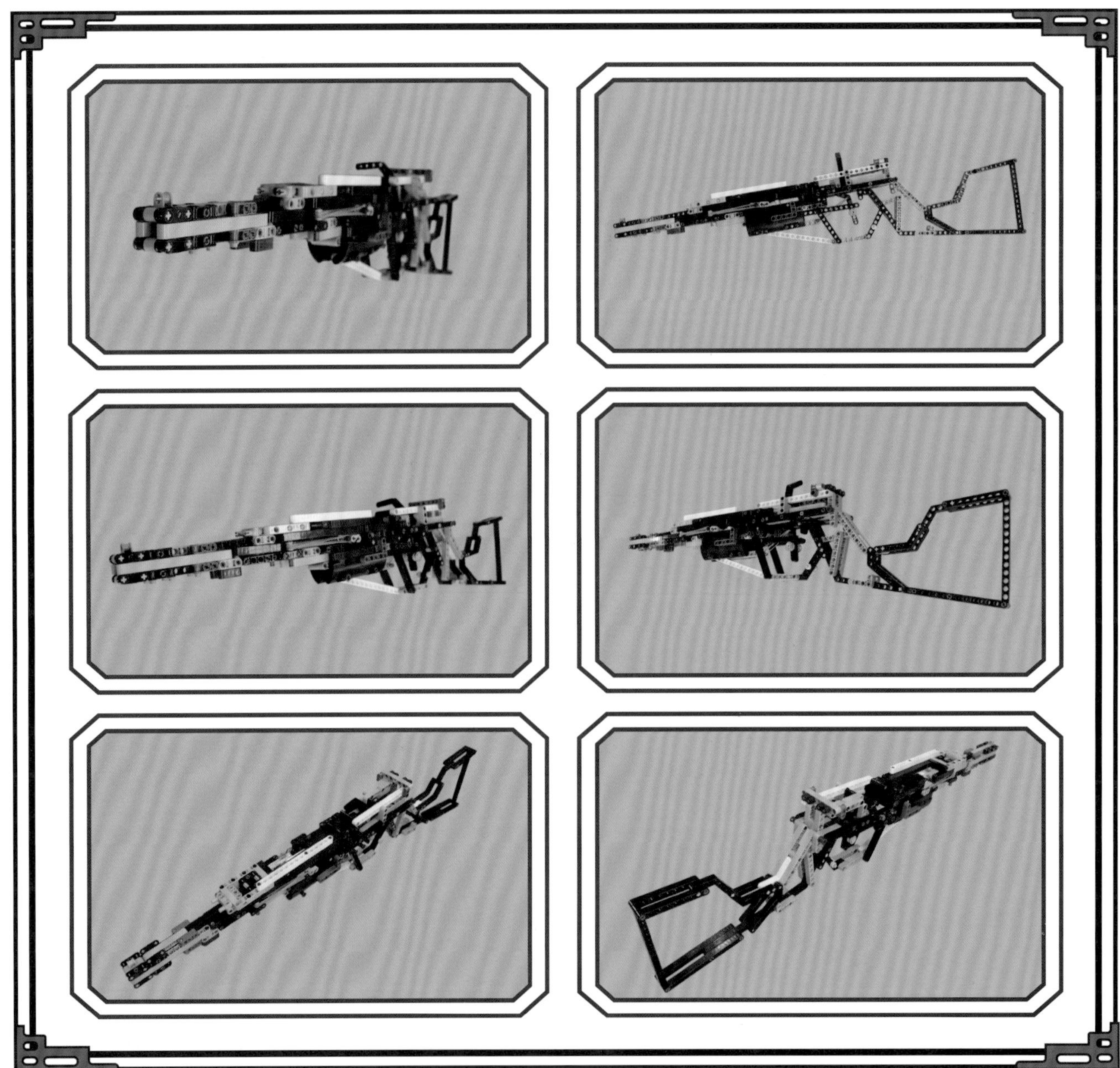

5.4　枪托

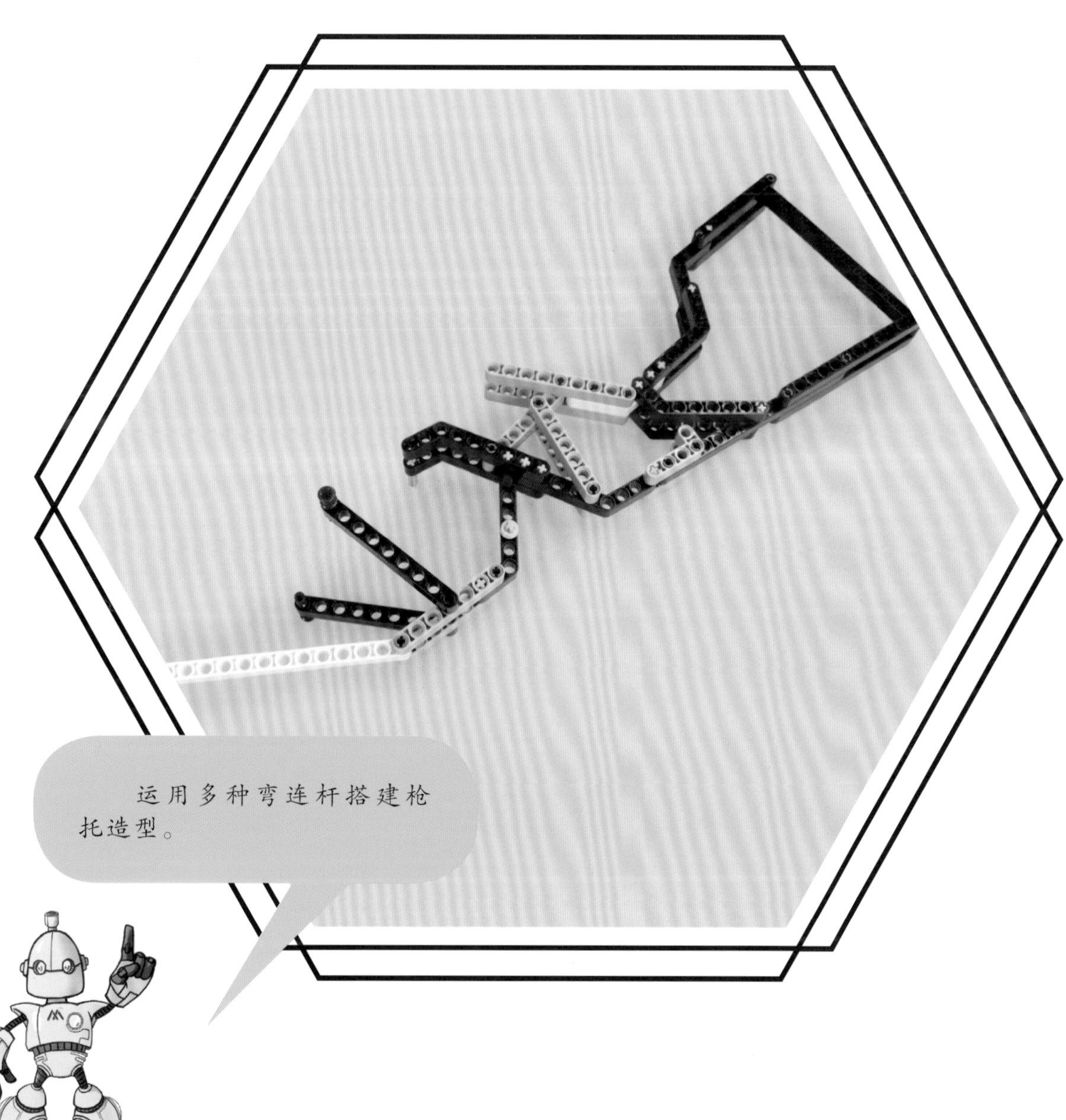

运用多种弯连杆搭建枪托造型。

5.5 发射机构

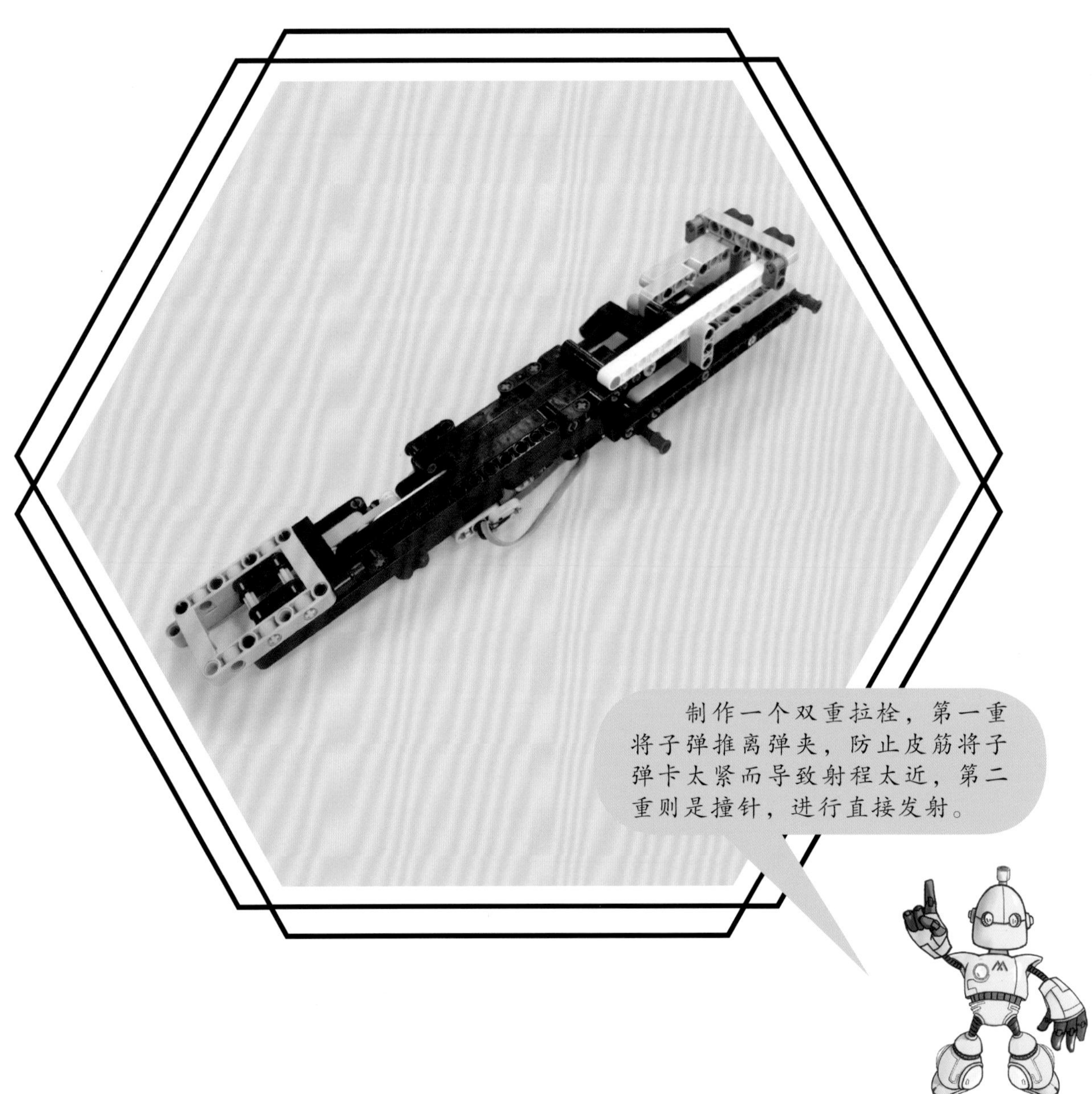

5.6　枪管

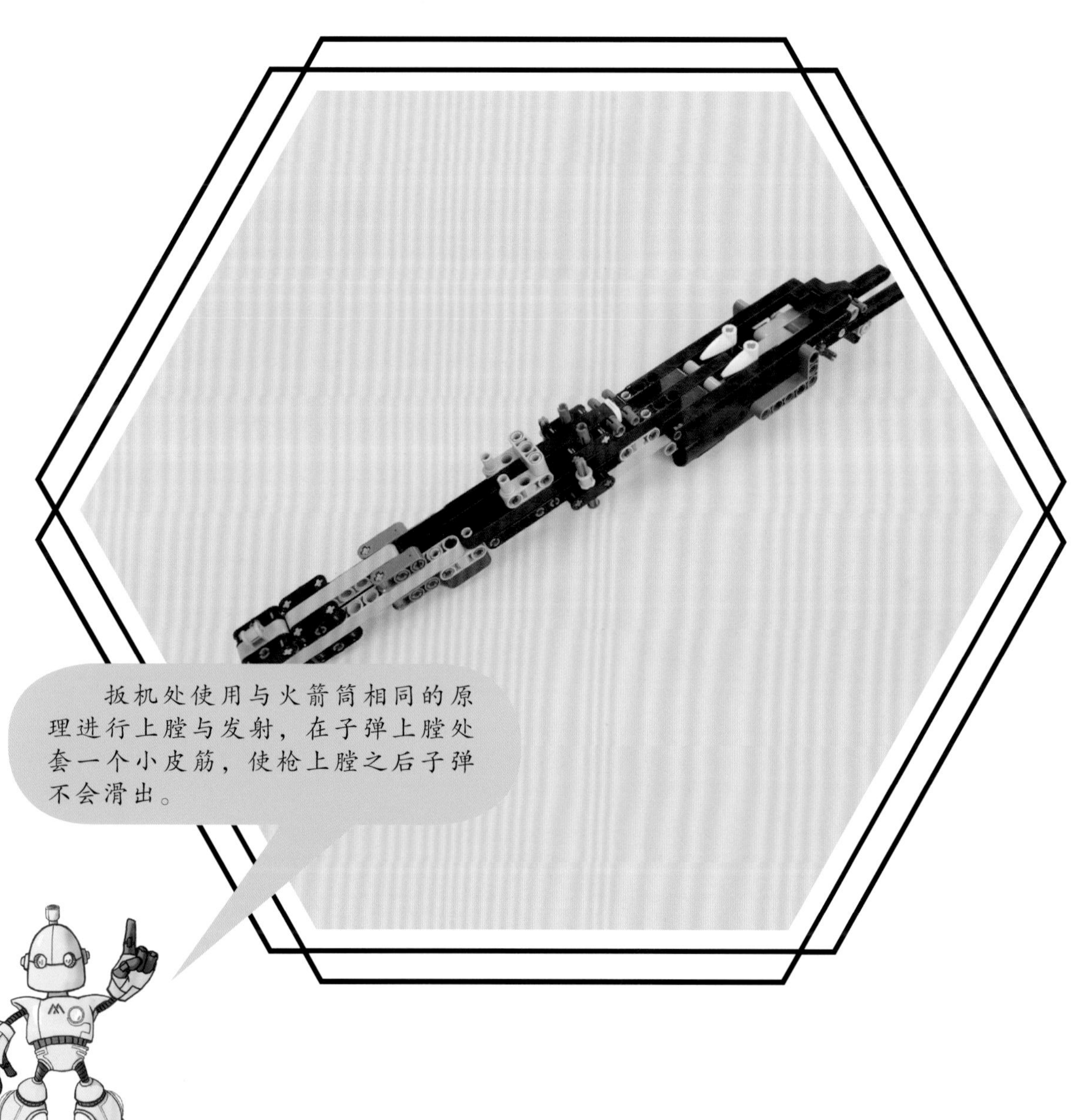

5.7 零件准备

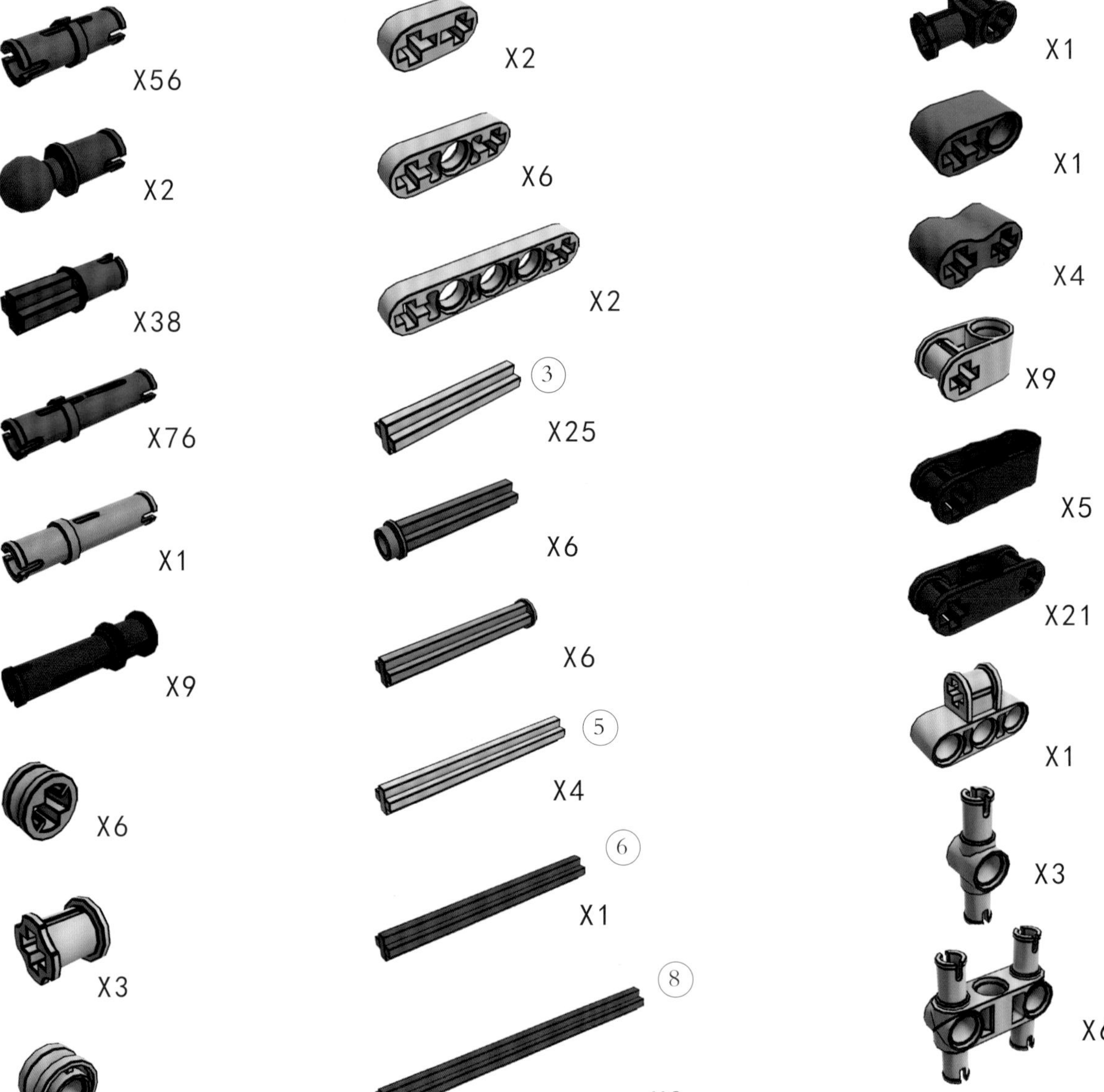
X56
X2
X38
X76
X1
X9
X6
X3
X2
X2
X6
X2
3
X25
X6
X6
5
X4
6
X1
8
X2
X1
X1
X4
X9
X5
X21
X1
X3
X6

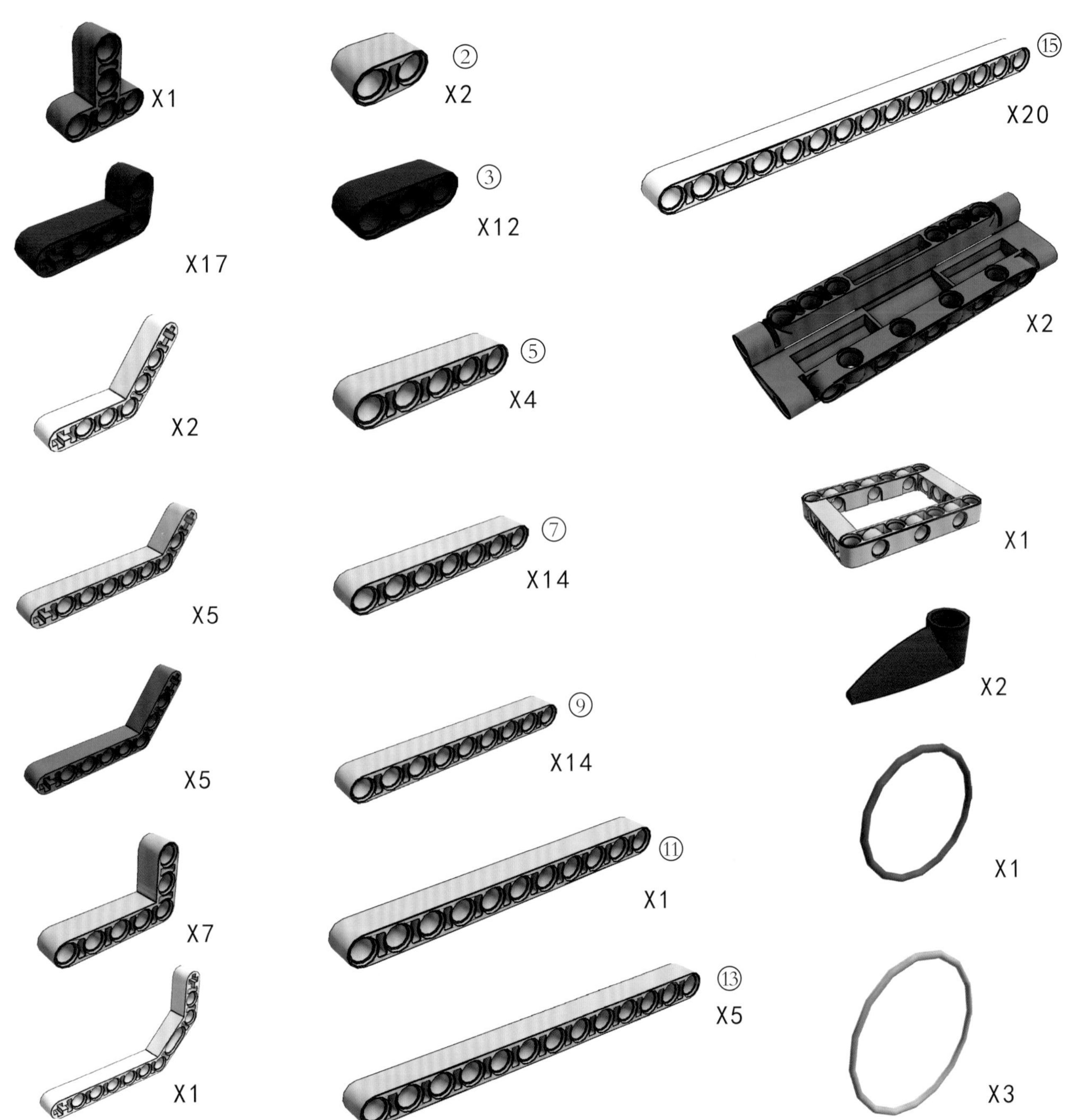
X1
②
X2
⑮
X20
③
X12
X17
X2
⑤
X4
X2
X1
⑦
X14
X5
X2
⑨
X14
X5
⑪
X1
X1
X7
⑬
X5
X1
X3

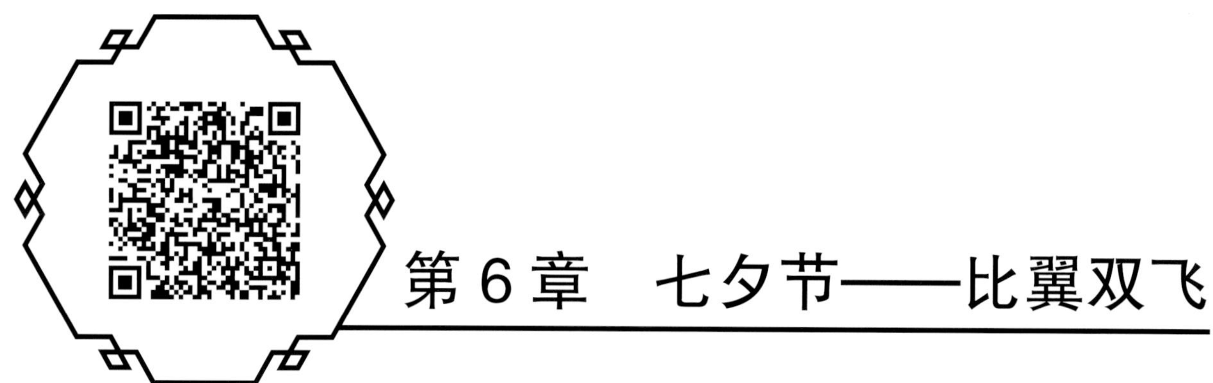

第 6 章　七夕节——比翼双飞

6.1　节日介绍

节日时间： 农历七月初七

节日活动： 拜月祈福、求姻缘等

节日意义： 传承与弘扬中华传统文化

节日起源： 七夕因牛郎织女的美丽传说使其成为爱情象征，被认为是中国最具浪漫色彩的传统节日，更被现代人誉为“中国情人节”。

6.2 灵感来源

说起七夕，我们总能想到许多感人的爱情故事。传说有一对才子佳人——梁山伯与祝英台，他们二人相伴相随、情投意合，不过因为马文才等歹人的阻挠，最后没能走在一起，梁山伯抑郁而终，祝英台最后在梁山伯的墓前殉情。最终两人死后化作两只蝴蝶比翼双飞，依旧不离不弃。

6.3　方位图

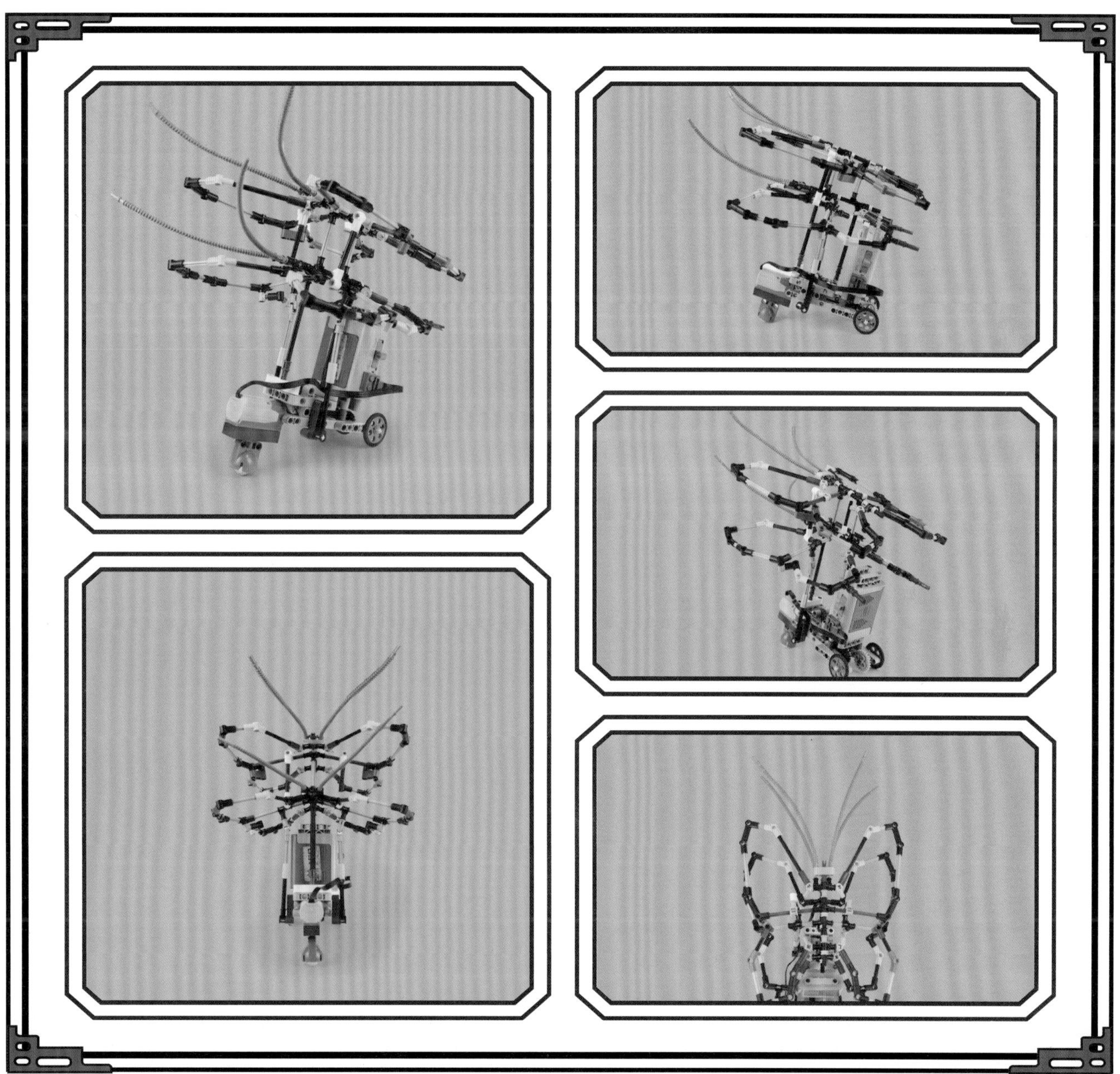

6.4　曲柄结构

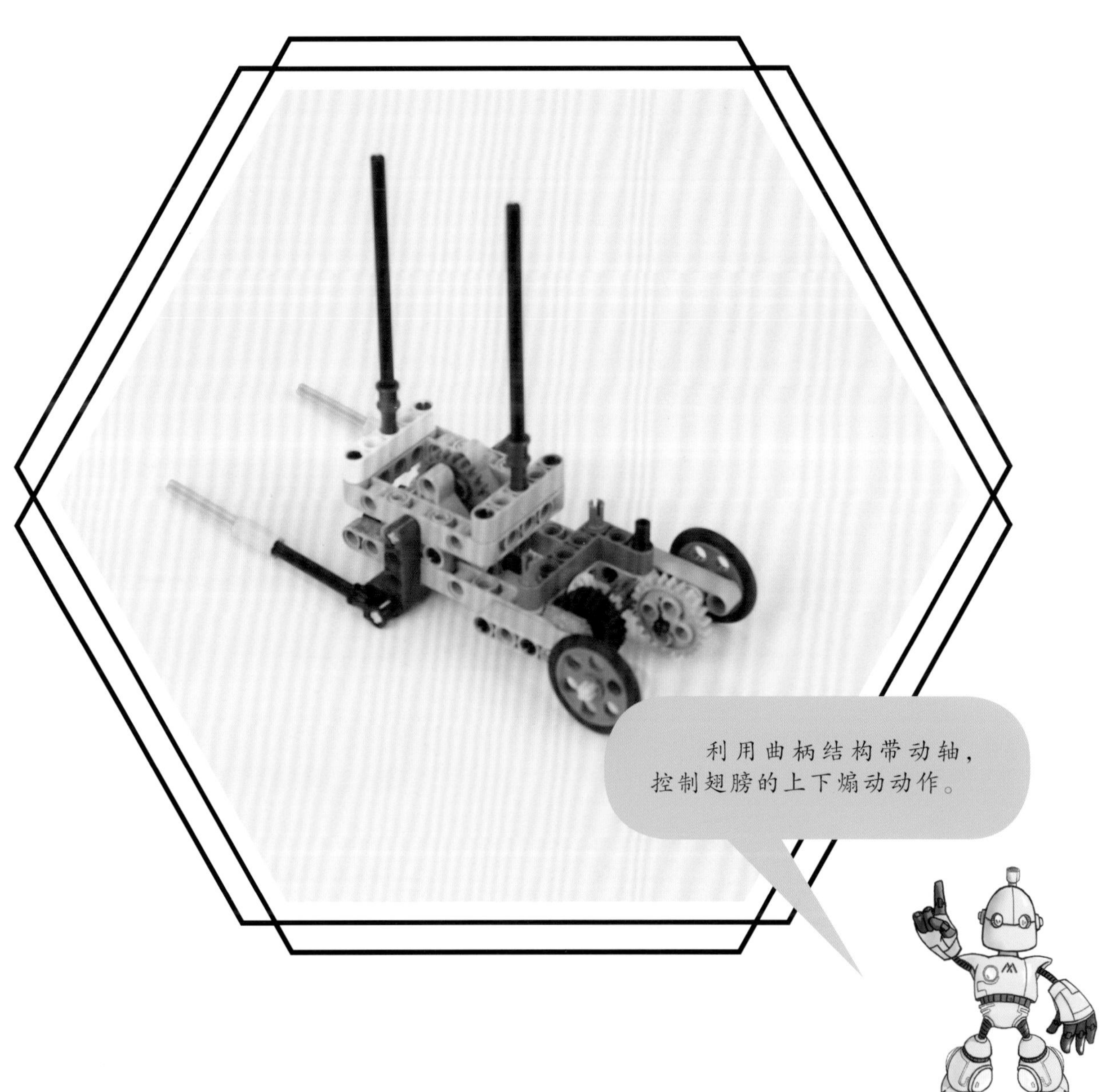

利用曲柄结构带动轴，控制翅膀的上下煽动动作。

6.5 蝴蝶

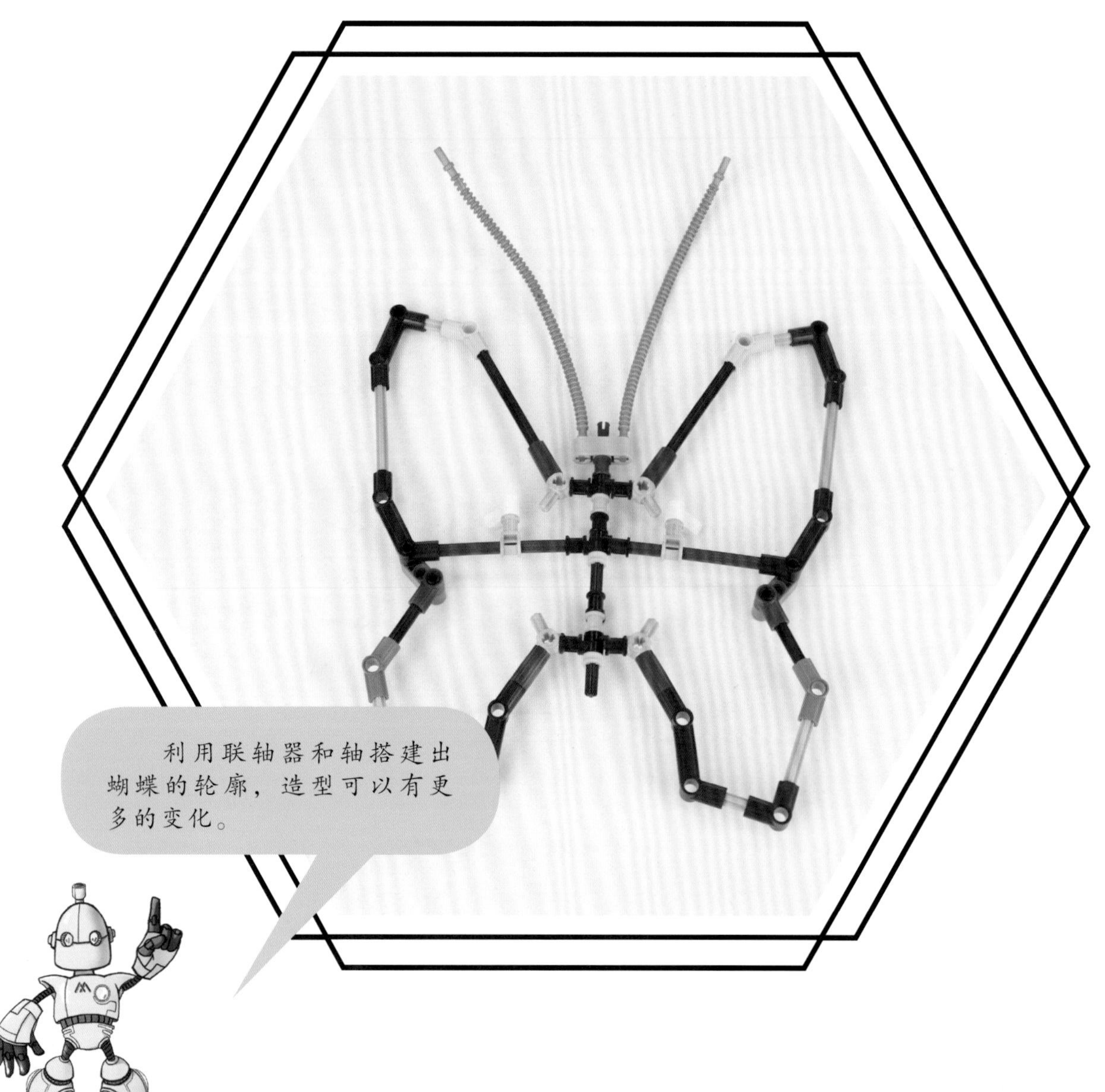

6.6　涡轮

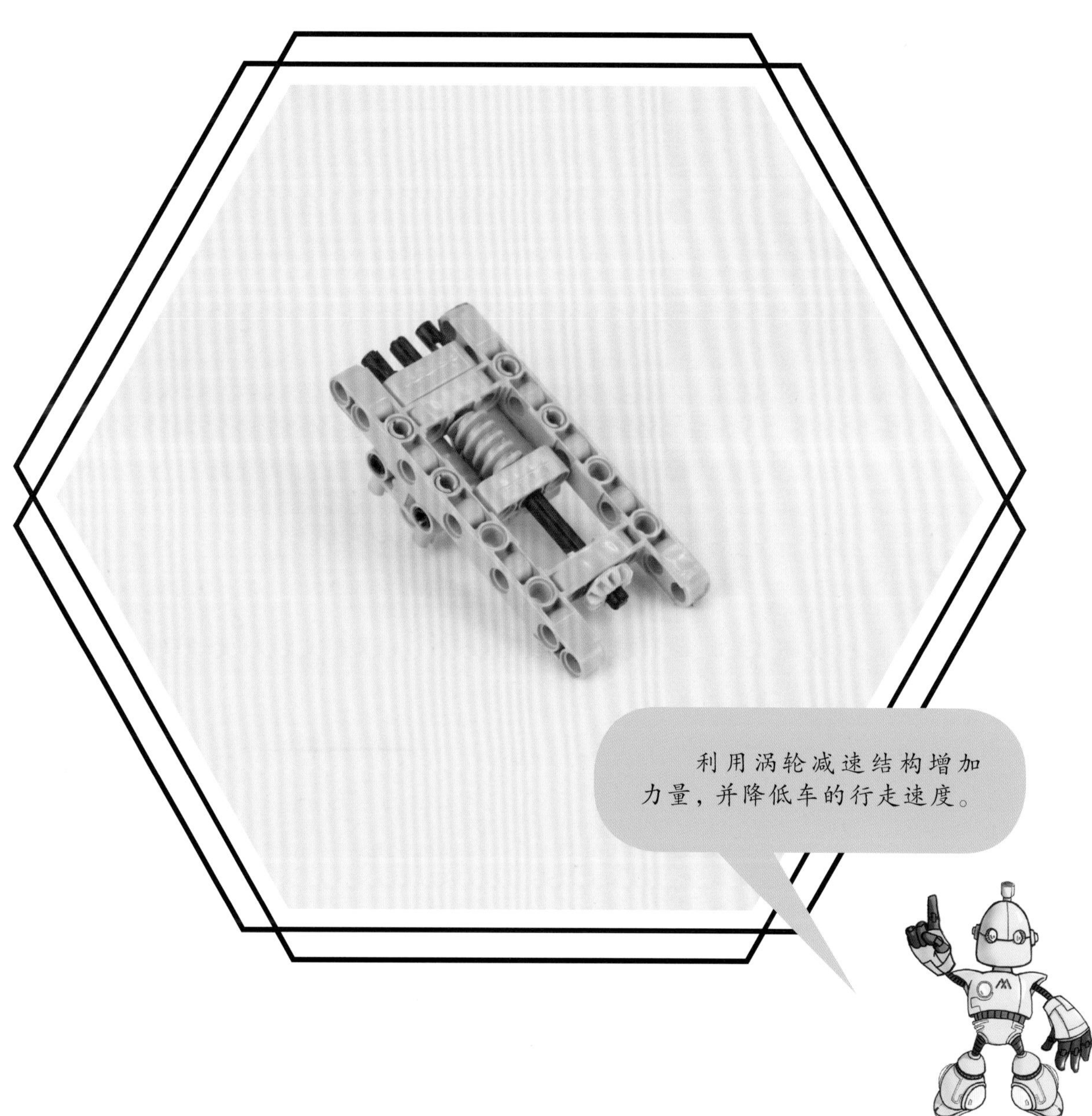

利用涡轮减速结构增加力量，并降低车的行走速度。

6.7 万向轮旋转

6.8　零件准备

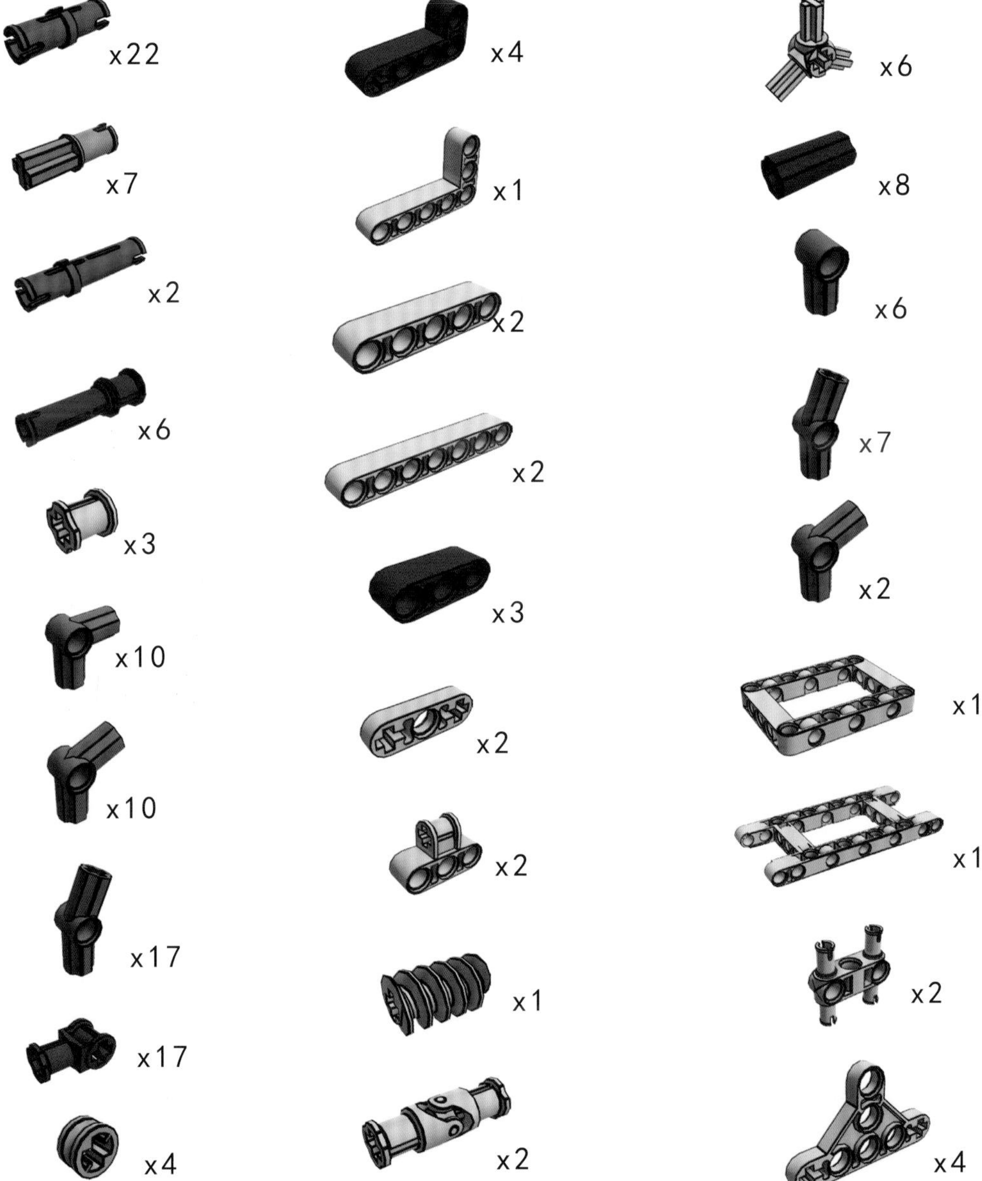
x22
x7
x2
x6
x3
x10
x10
x17
x17
x4
x4
x1
x2
x2
x3
x2
x2
x1
x2
x6
x8
x6
x7
x2
x1
x1
x2
x4

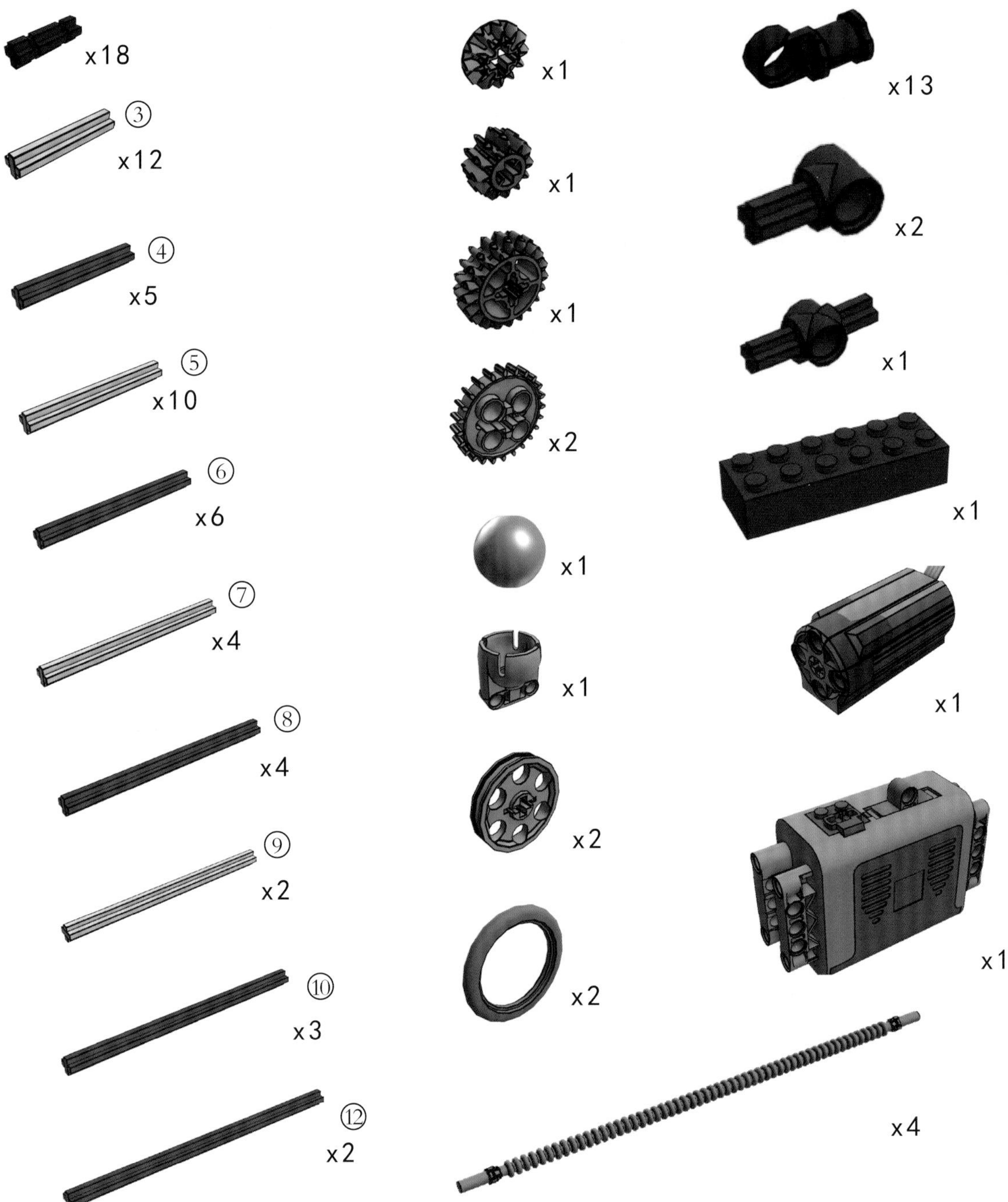
x18
③
x12
④
x5
⑤
x10
⑥
x6
⑦
x4
⑧
x4
⑨
x2
⑩
x3
⑫
x2
x1
x1
x1
x2
x1
x1
x2
x2
x13
x2
x1
x1
x1
x1
x4

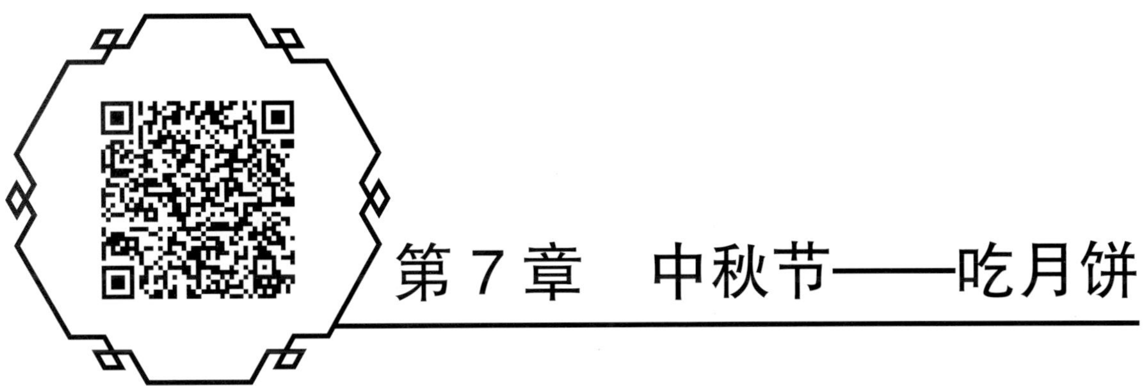

第 7 章　中秋节——吃月饼

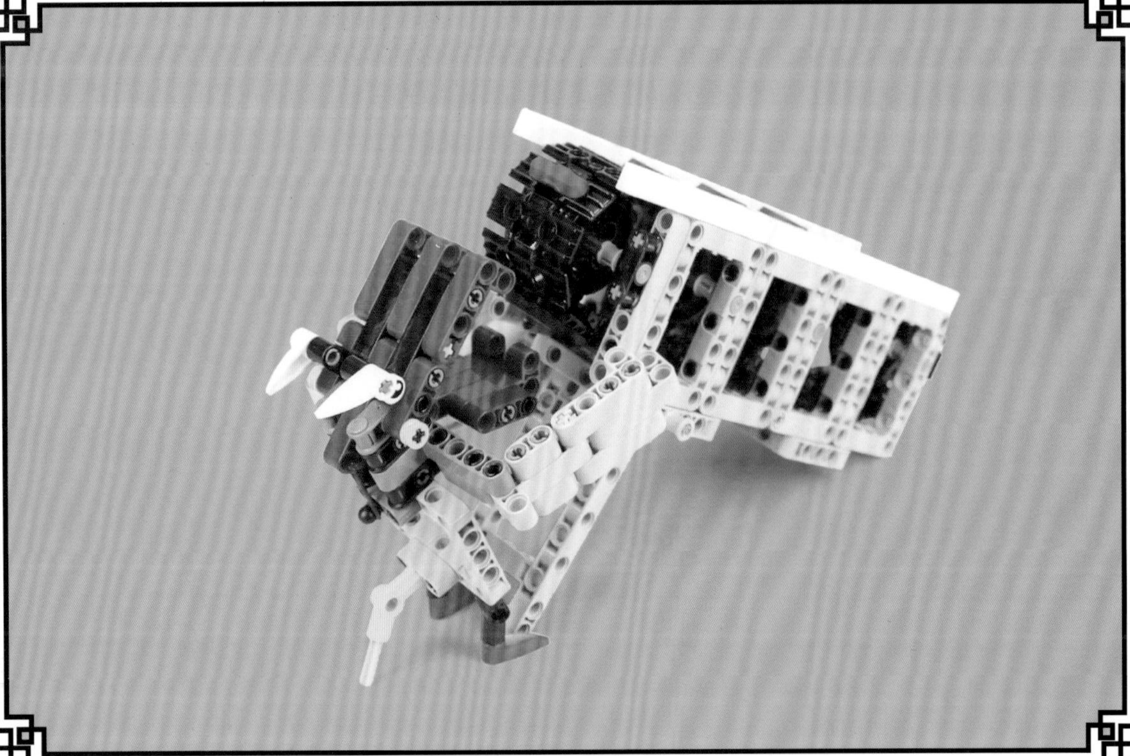

7.1 节日介绍

节日时间： 农历八月十五

节日活动： 赏月、吃月饼

节日意义： 传承与弘扬传统文化

节日起源： 中秋节自古便有祭月、赏月、拜月、吃月饼、赏桂花、饮桂花酒等习俗，流传至今，经久不息。中秋节以月之圆兆人之团圆，为寄托思念故乡，思念亲人之情，祈盼丰收、幸福，成为丰富多彩、弥足珍贵的文化遗产。2006 年 5 月 20 日，国务院将其列入首批国家级非物质文化遗产名录。

7.2　灵感来源

吃月饼，是中秋节的饮食习俗，象征着团圆和睦。

7.3 方位图

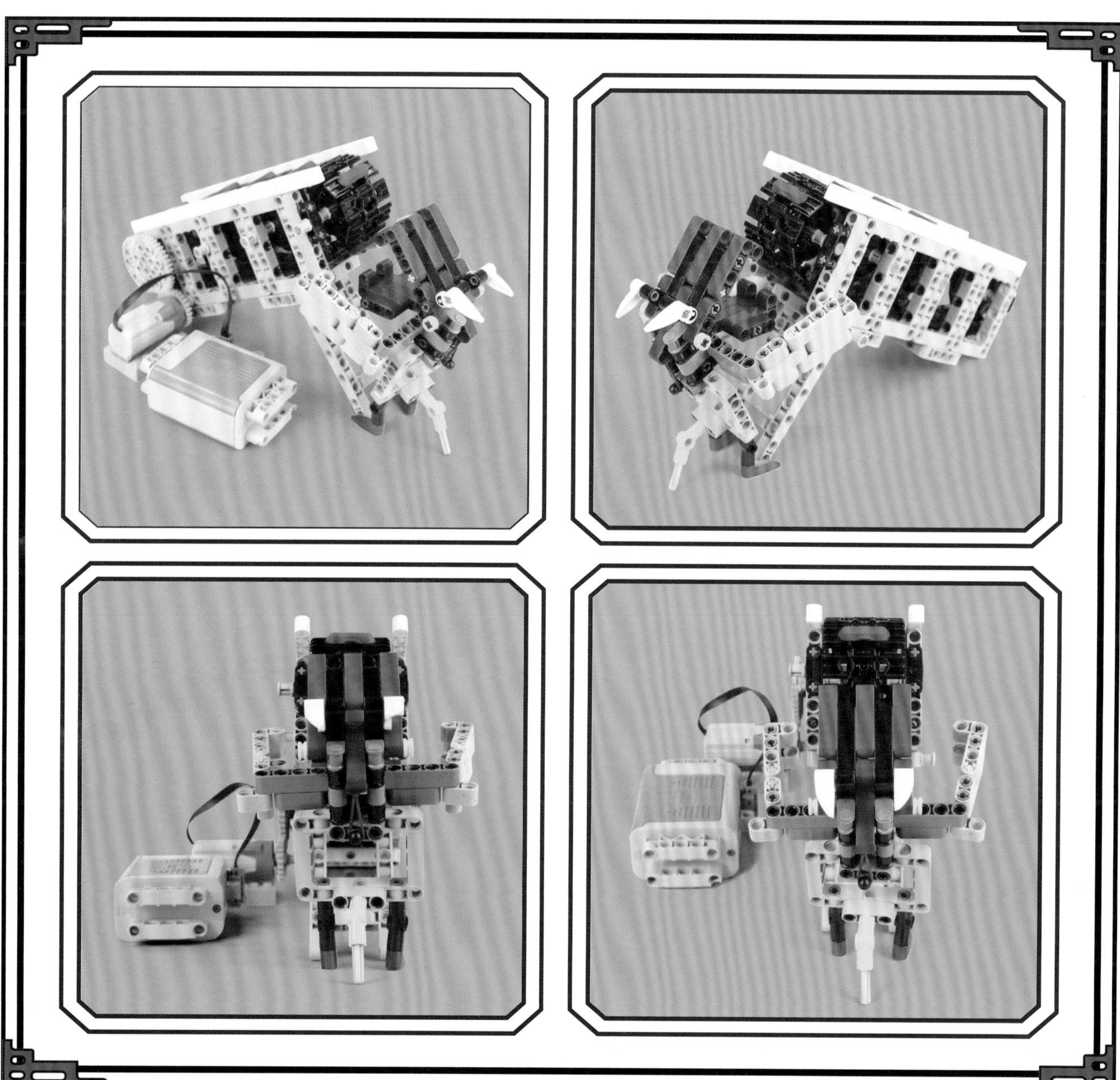

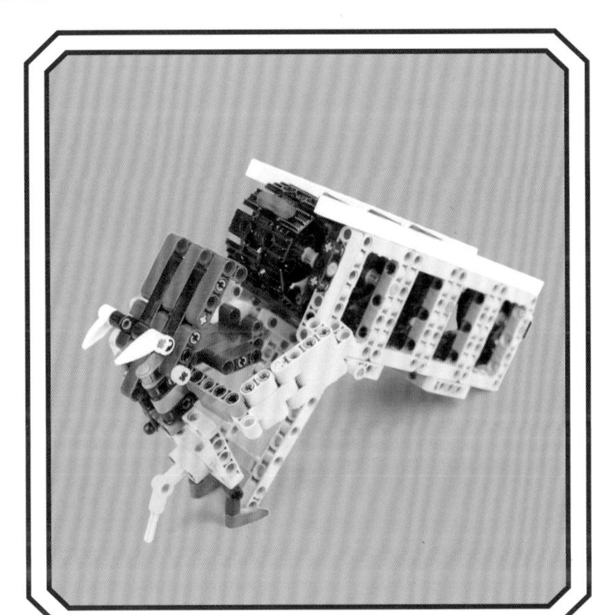

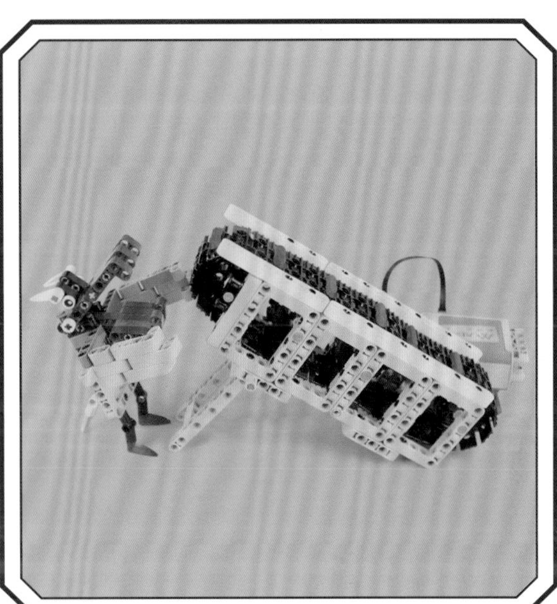

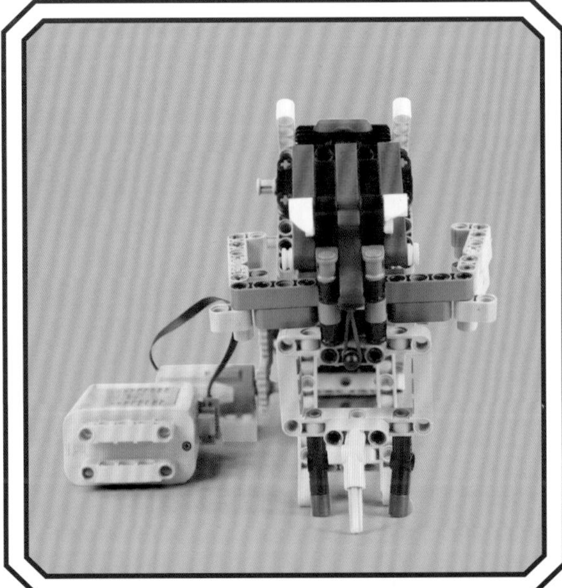

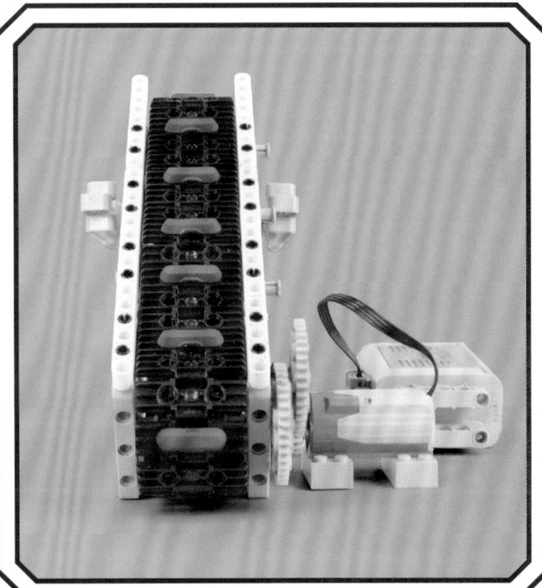

7.4 小人

7.5　传送带

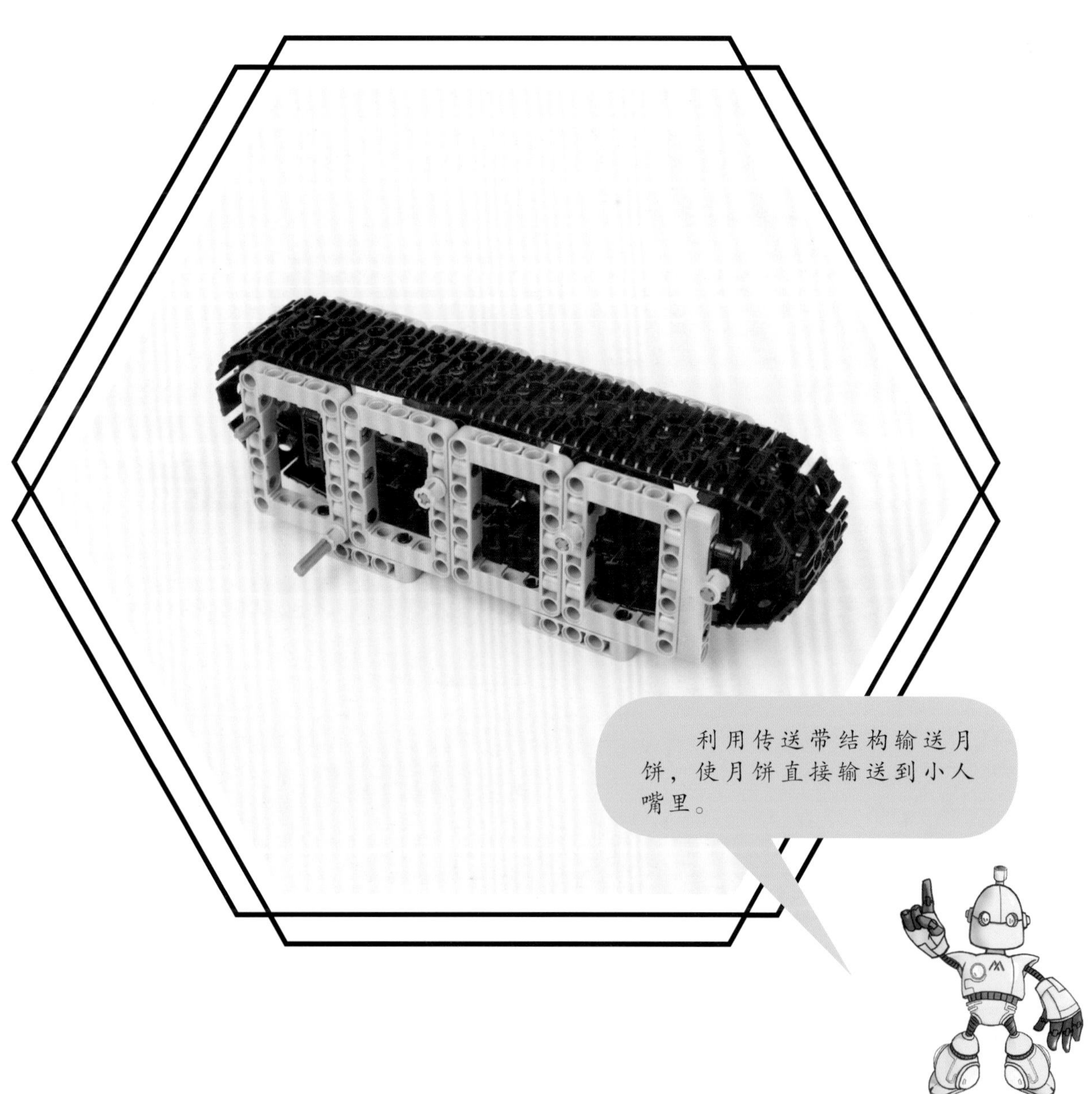

7.6 二级减速

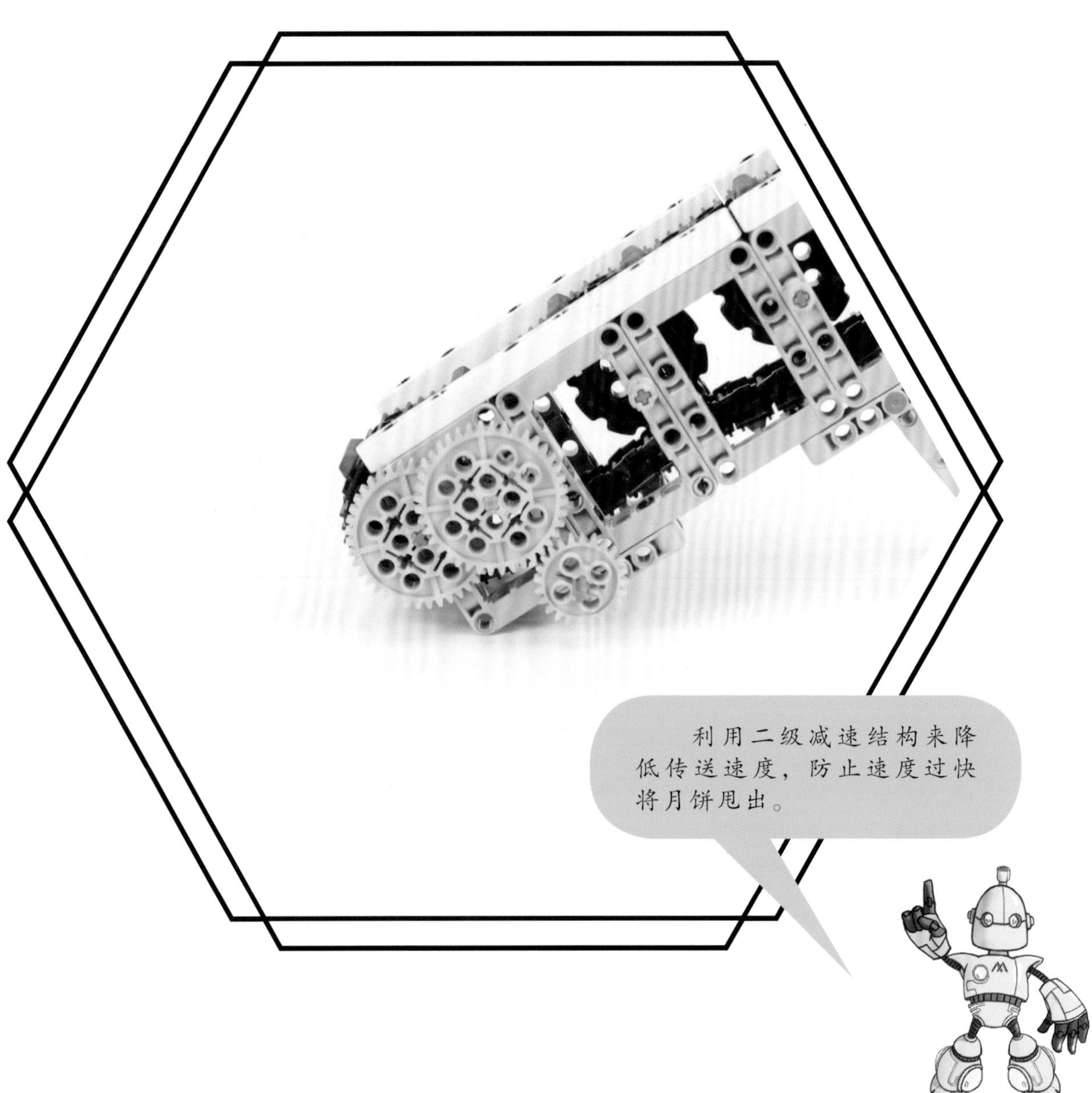

7.7　零件准备

x2

x13

x2

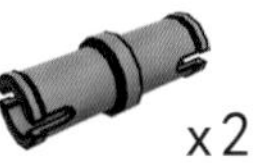
x2

x57

x5

x15

x1

x1

x6

x2

x1

x1

x2

x4

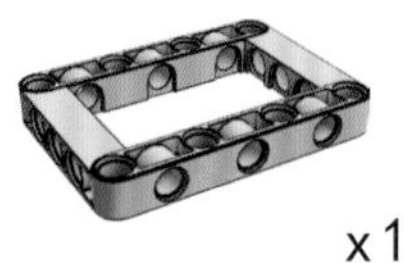
x11

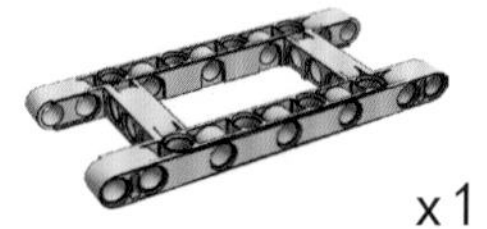
x1

x7

x2

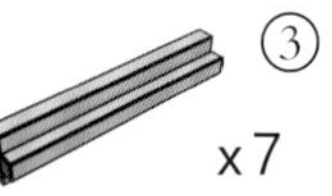
③
x7

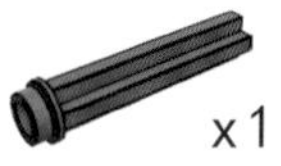
x1

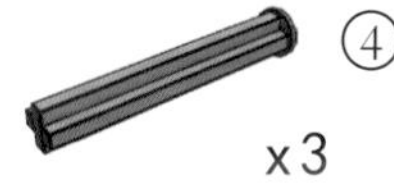
④
x3

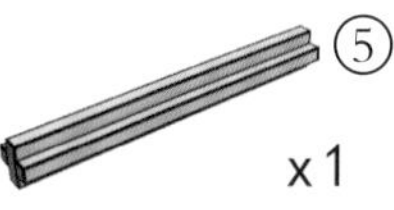
⑤
x1

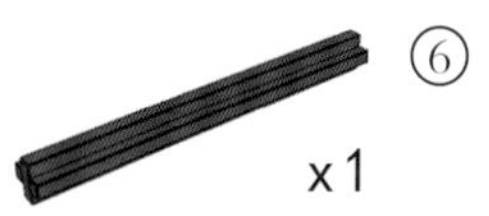
⑥
x1

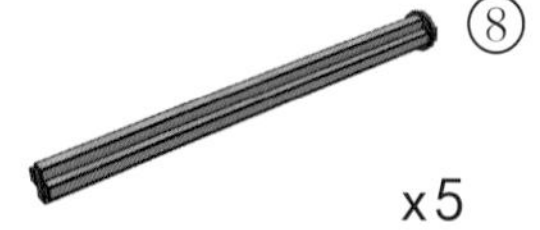
⑧
x5

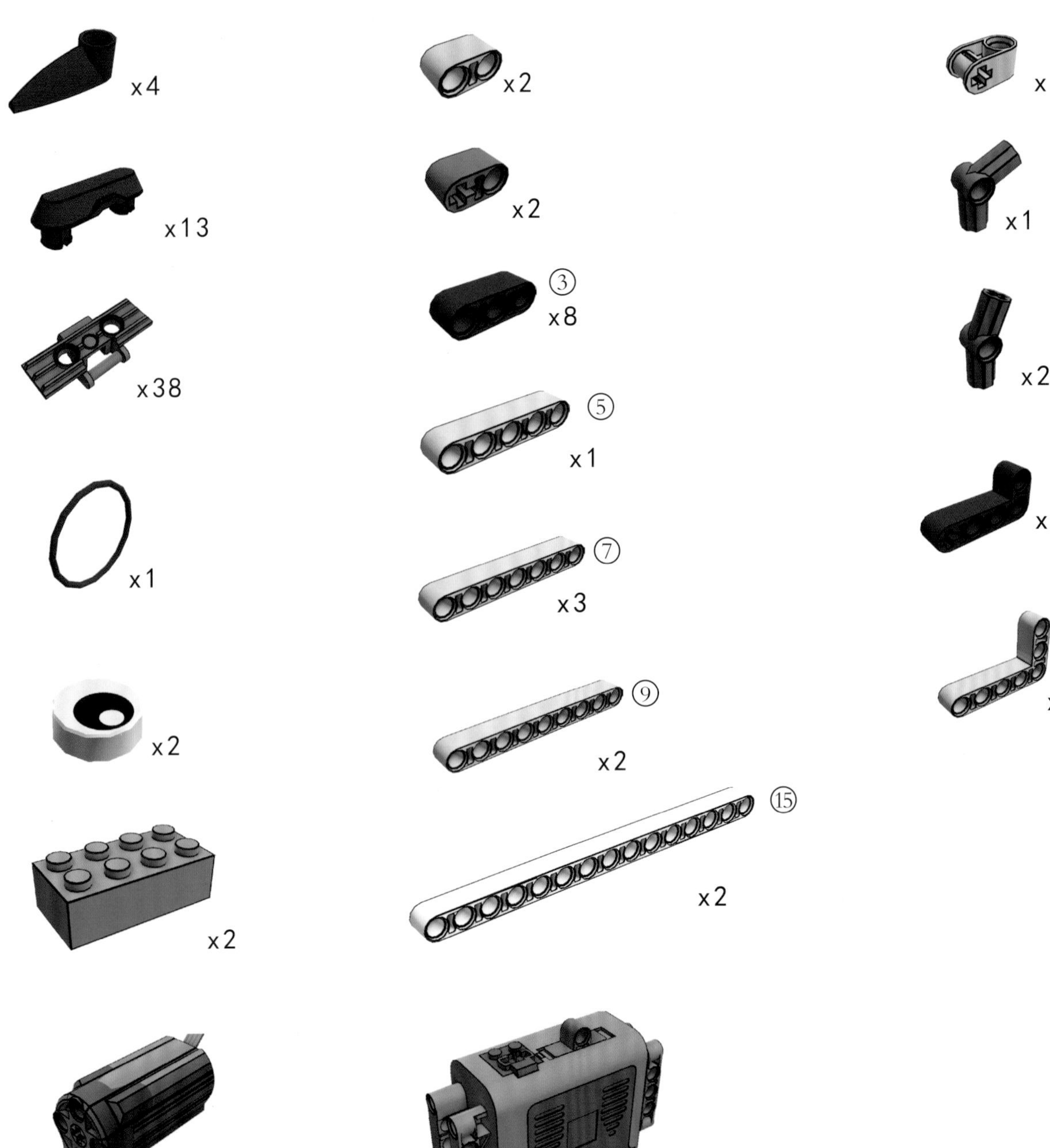
x4
x2
x2
x13
x2
x1
3
x8
x38
x2
5
x1
x13
x1
7
x3
x4
9
x2
x2
15
x2
x2
x1
x1

第 8 章　国庆节——战车

8.1 节日介绍

节日时间：公历 10 月 1 日

节日起源：国庆节是由一个国家制定的用来纪念国家本身的法定假日。1949 年 10 月 1 日，中华人民共和国宣告成立，10 月 1 日就成为我国的国庆日。

8.2　灵感来源

步兵战车是供步兵机动作战使用的装甲战斗车辆，车上设有射击孔，步兵能乘车射击。步兵战车主要用于协同坦克作战，其任务是快速机动步兵分队，消灭敌方轻型装甲车辆、步兵反坦克火力点、有生力量和低空飞行目标。

8.3 方位图

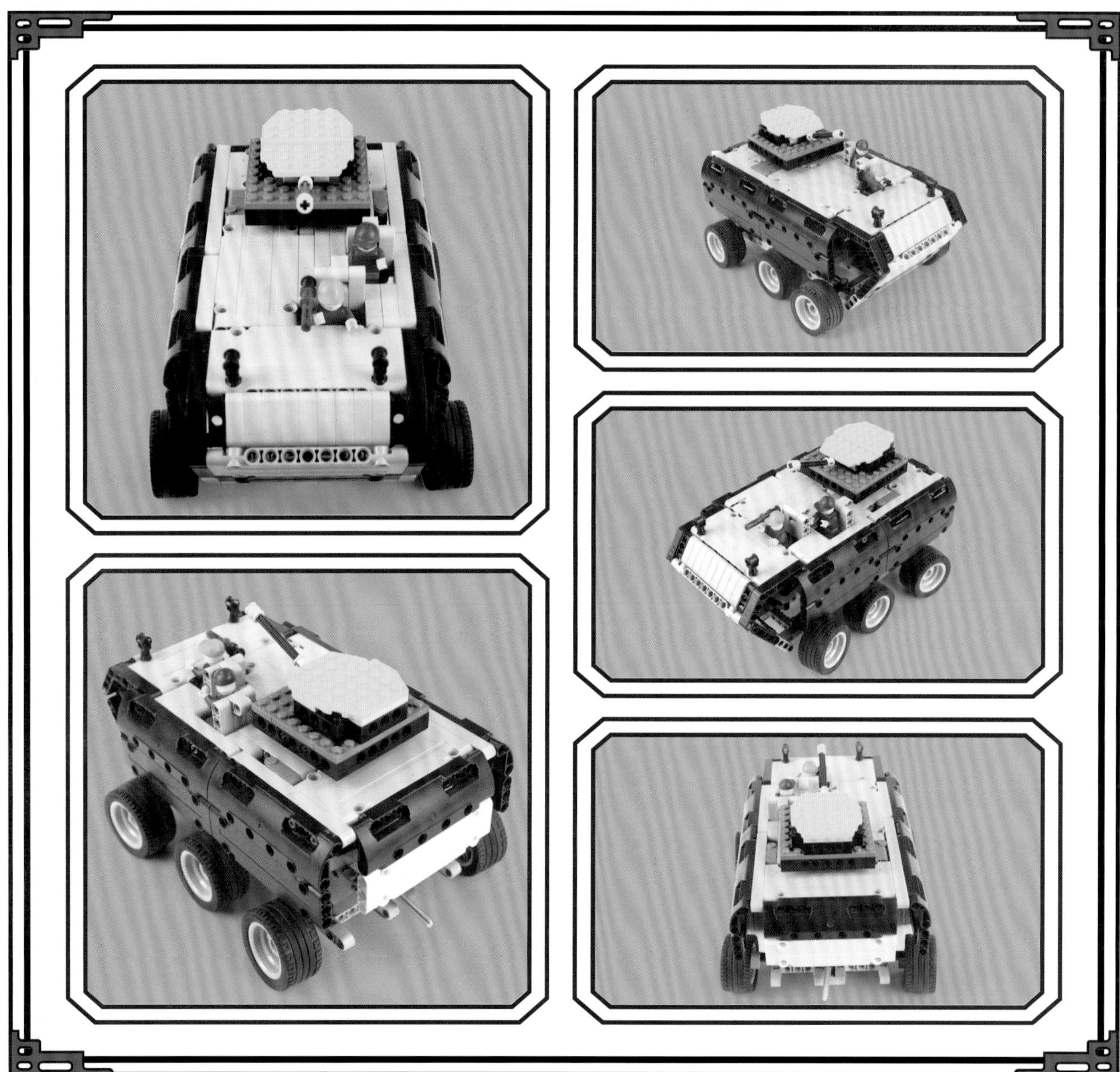

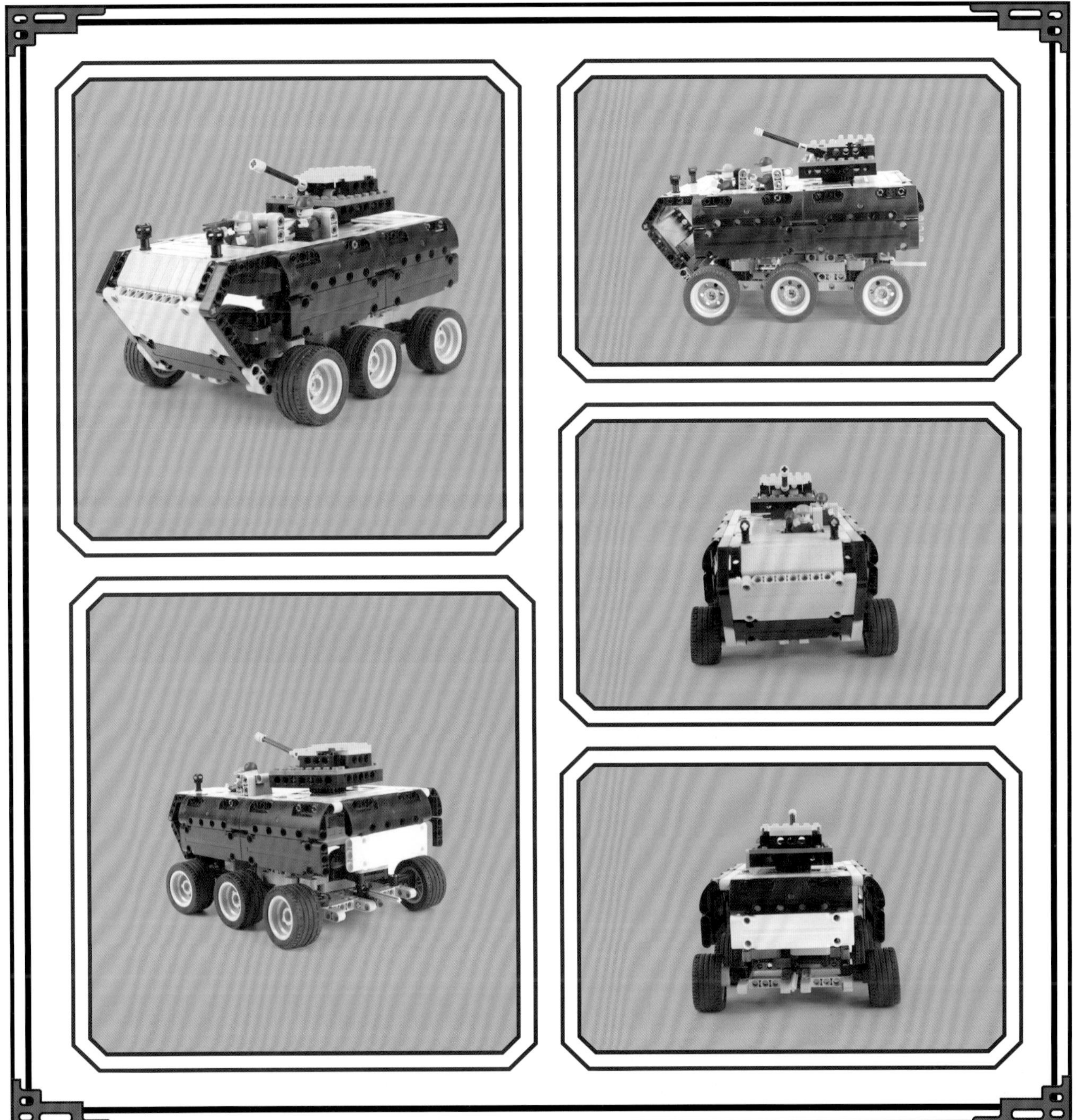

8.4 车体

利用多个面板搭建战车的车体，使其外表看起来十分坚固结实。

8.5　底盘

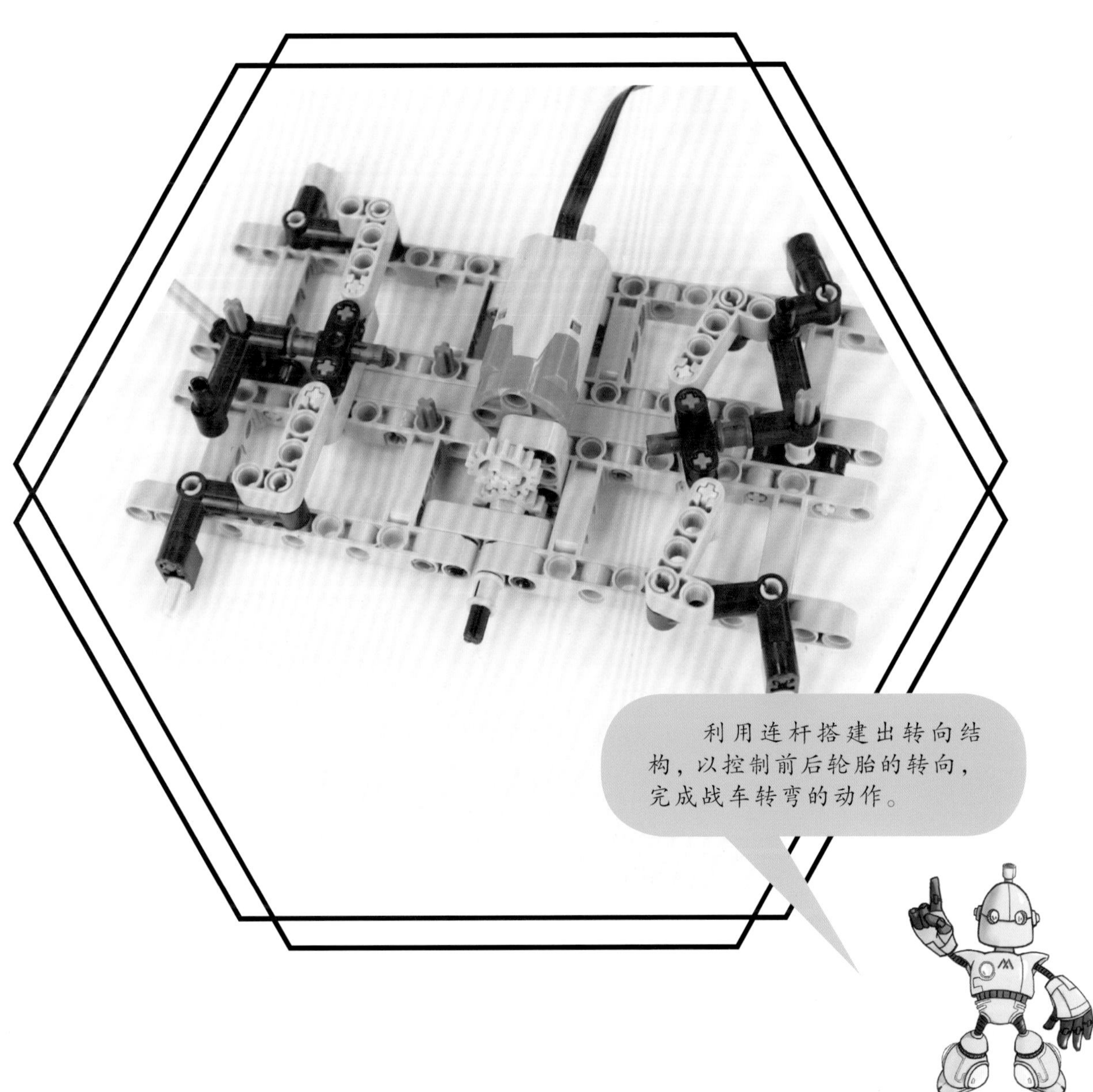

利用连杆搭建出转向结构，以控制前后轮胎的转向，完成战车转弯的动作。

8.6 零件准备

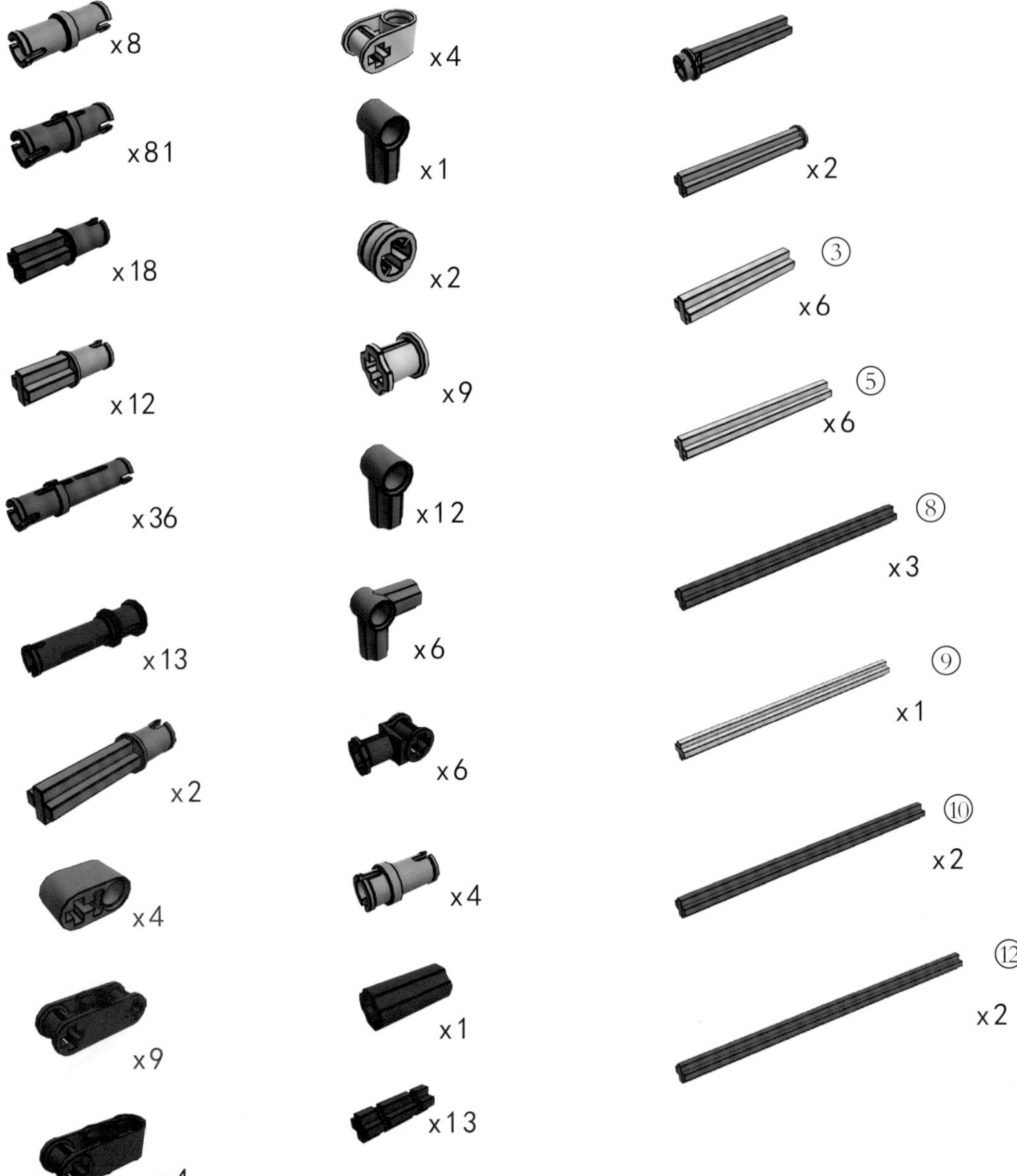
x8
x81
x18
x12
x36
x13
x2
x4
x9
x4
x4
x1
x2
x9
x12
x6
x6
x4
x1
x13
x2
③
x6
⑤
x6
⑧
x3
⑨
x1
⑩
x2
⑫
x2

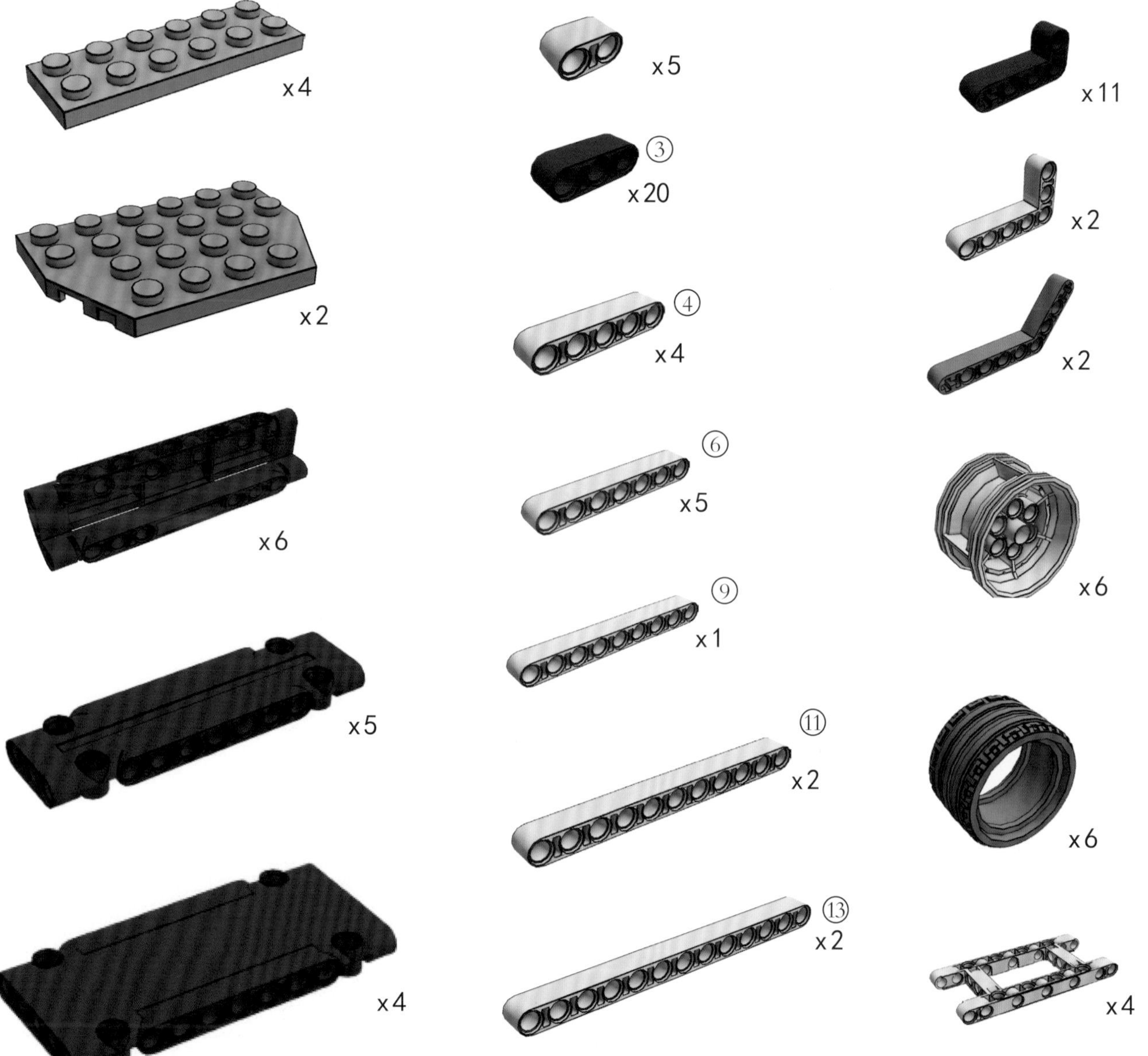
x4
x5
x11
③
x20
x2
x2
④
x4
x2
⑥
x6
x5
⑨
x6
x1
x5
⑪
x2
x6
⑬
x2
x4
x4

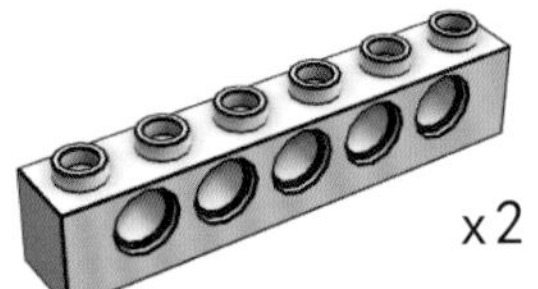
x2

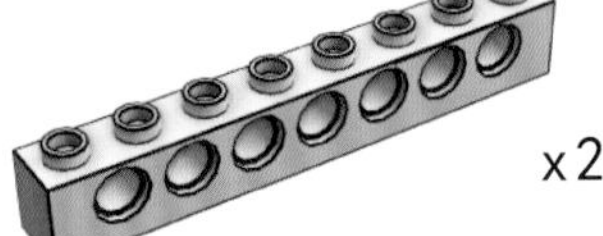
x2

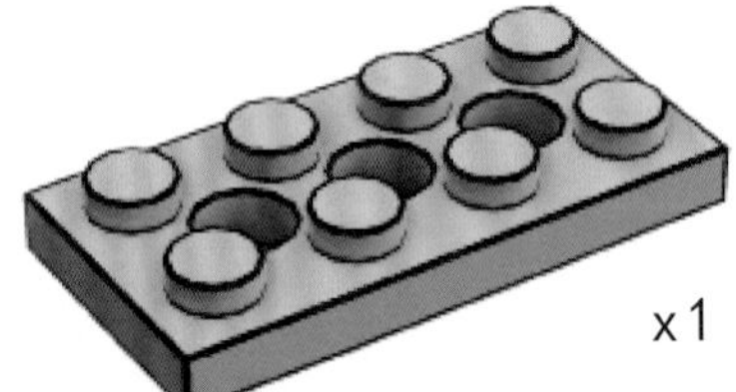
x1

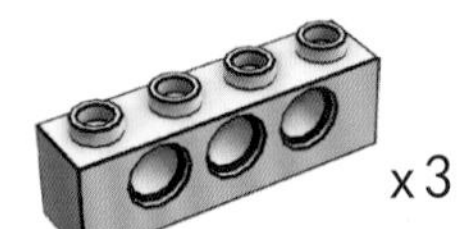
x3

x2

x2

x1

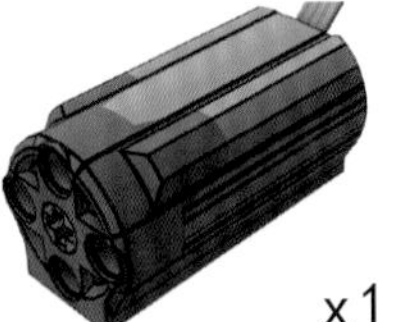
x1

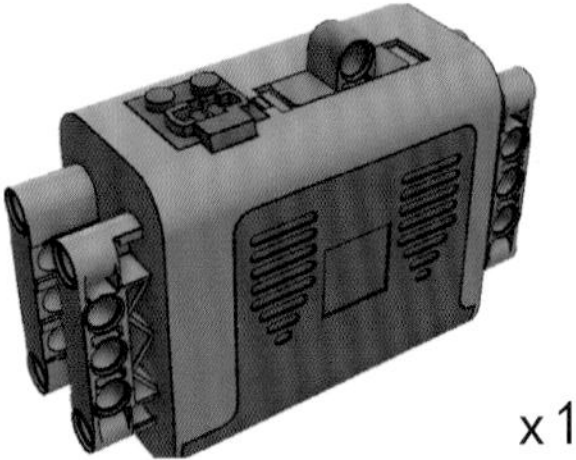
x1

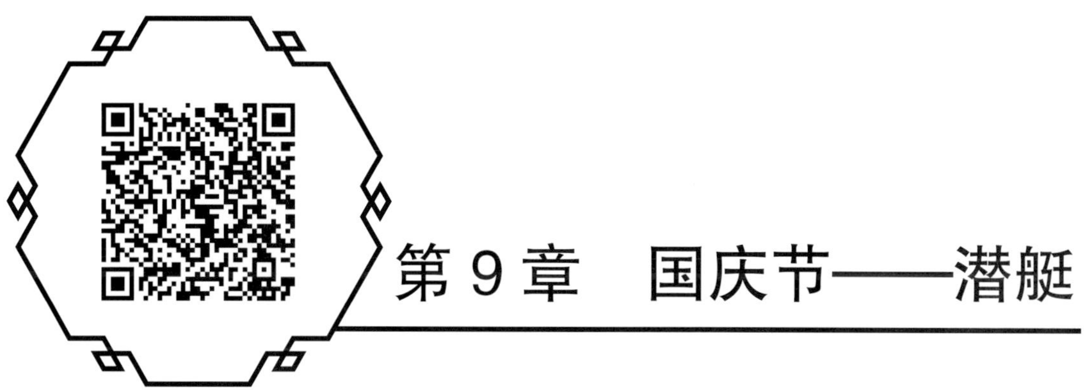

第 9 章　国庆节——潜艇

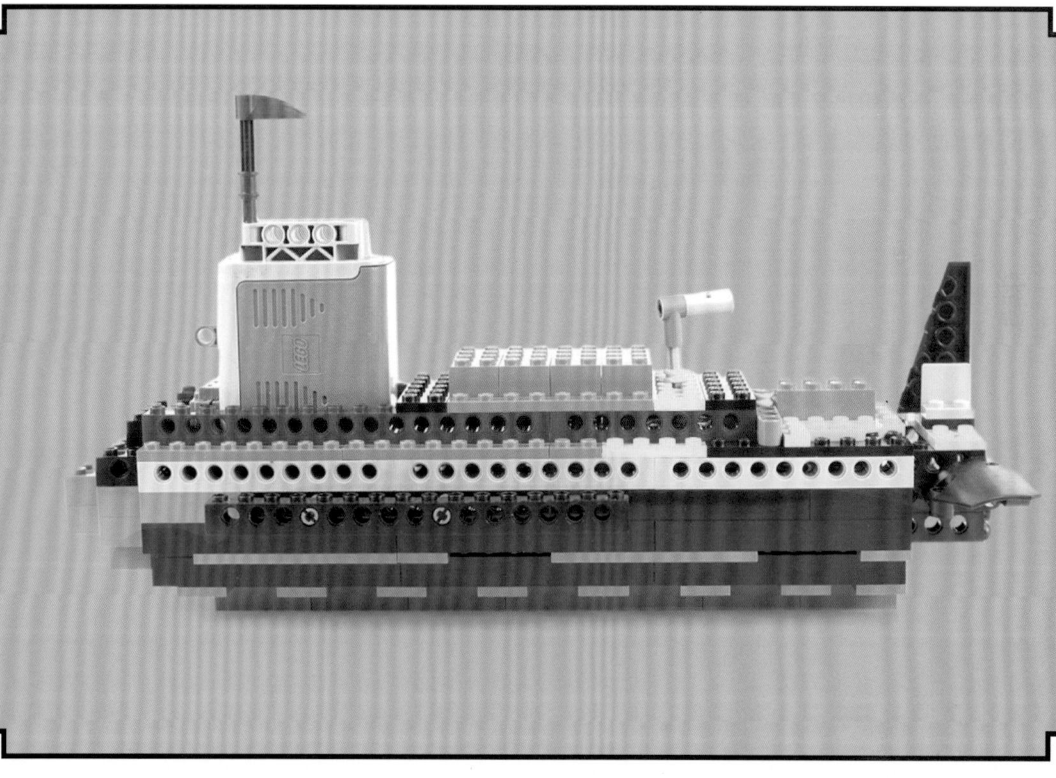

9.1 灵感来源

潜艇是能够在水下航行的舰艇。潜艇的种类繁多，小到全自动或一两人操作、作业时间数小时的小型民用潜水探测器，大至可搭载数百人、连续潜航 3 ~ 6 个月的核潜艇。潜艇按体积则可分为大型（主要为军用）、中型或小型（袖珍潜艇、潜水器）等。

9.2　方位图

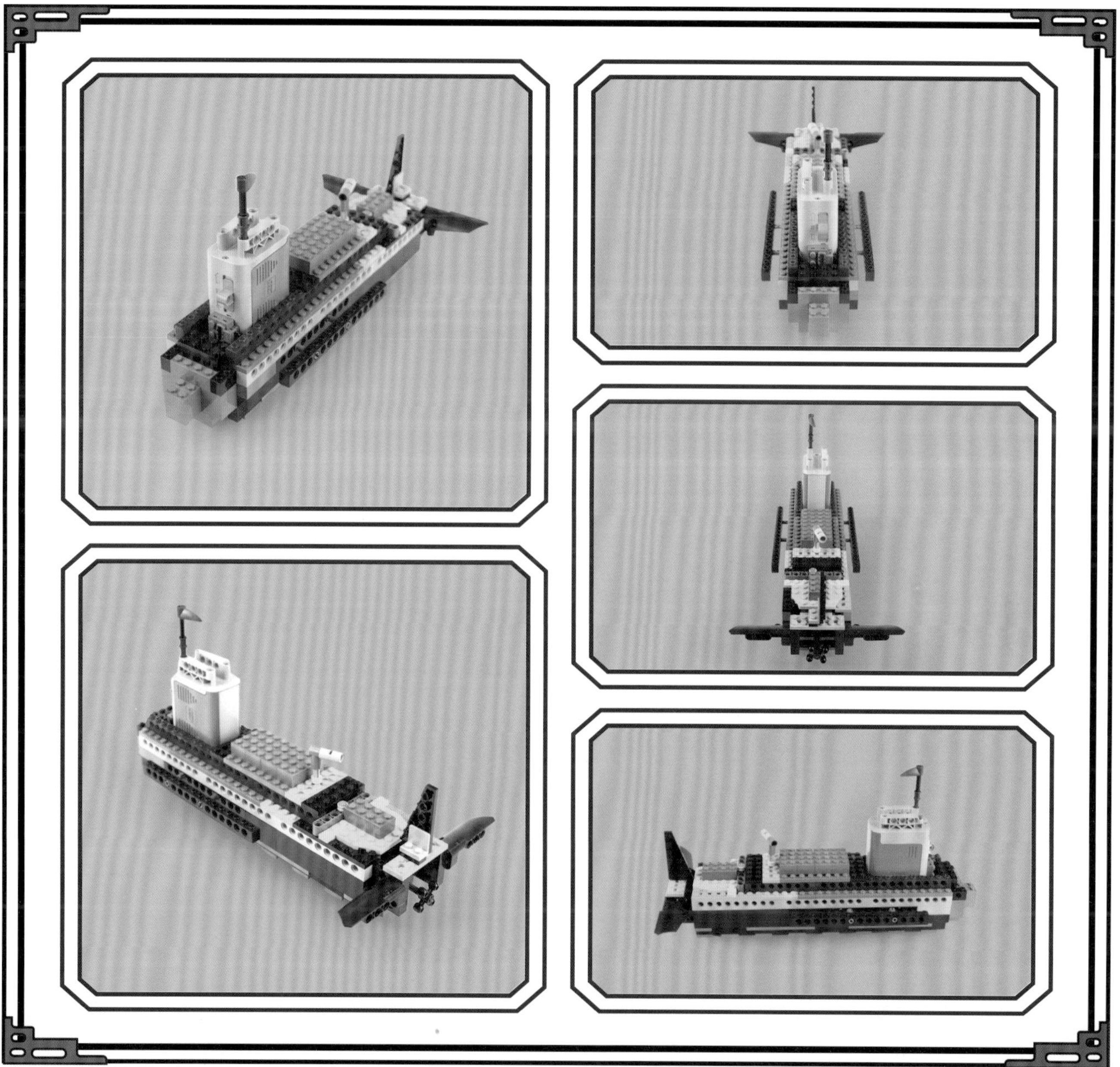

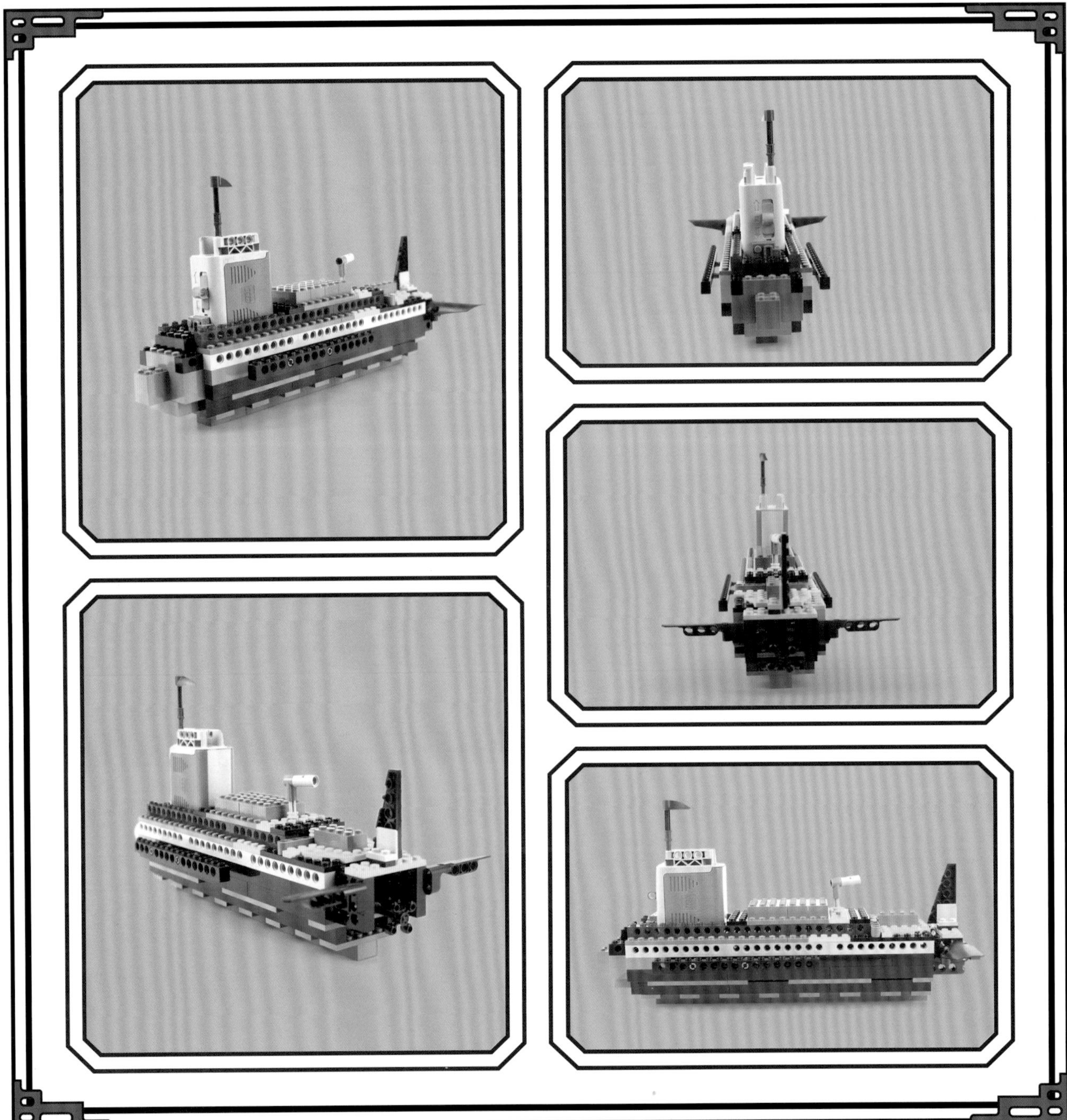

9.3 传动结构

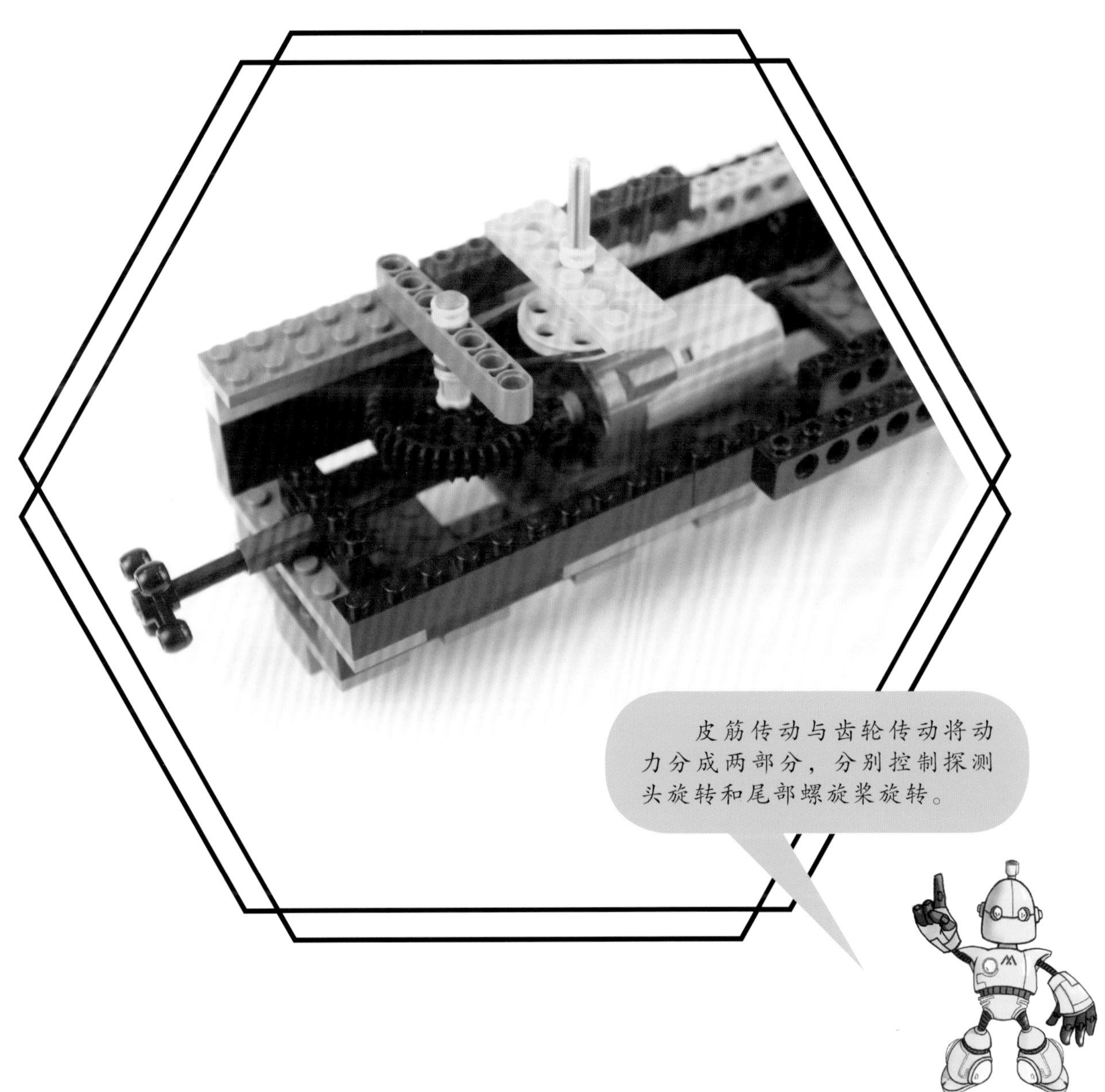

9.4 舰体

利用大量颗粒件搭建出潜艇舰体。

9.5 零件准备

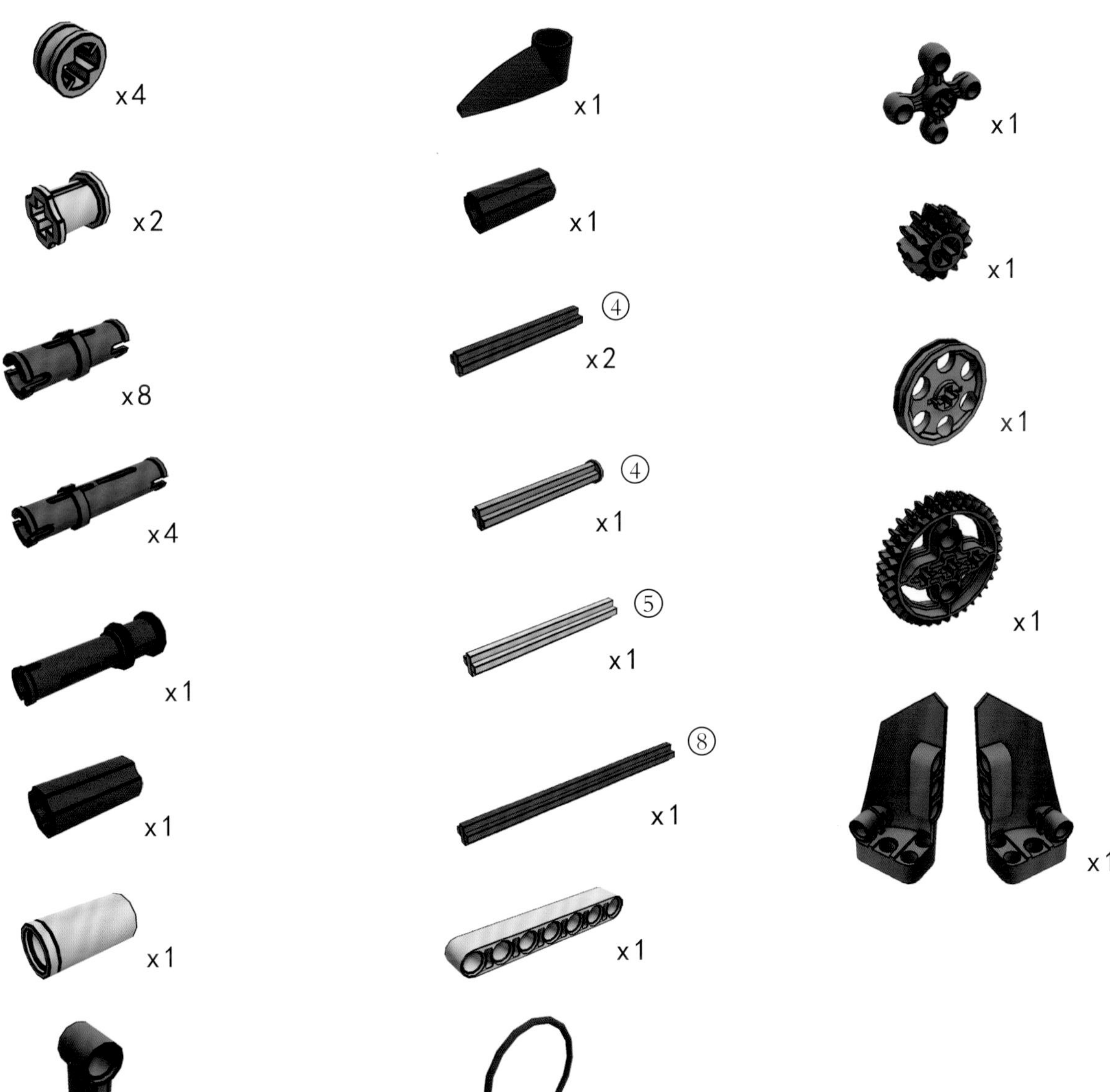

x 1

x 4

x 1

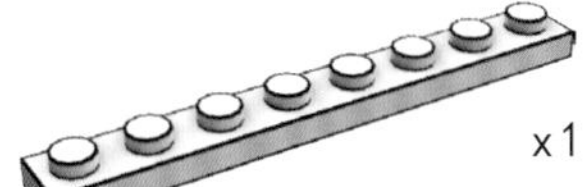
x 1

x 14

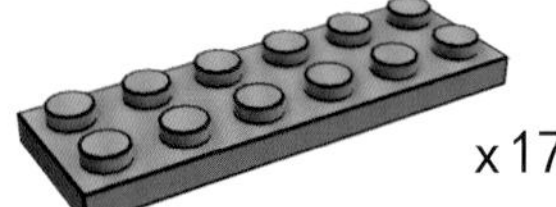
x 17

x 1

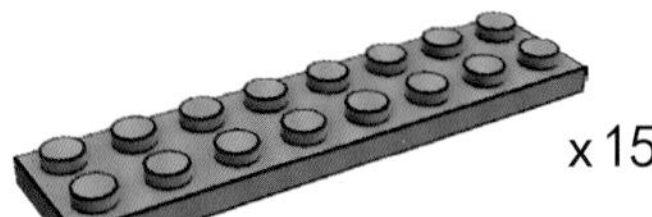
x 15

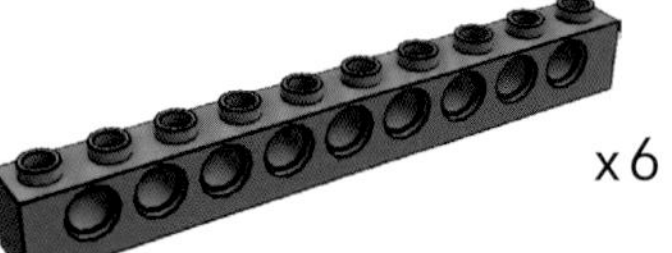
x 6

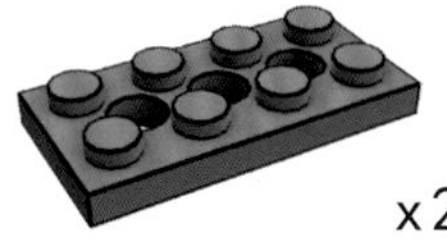
x 2

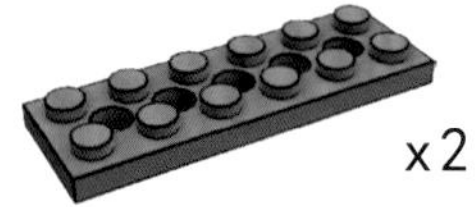
x 2

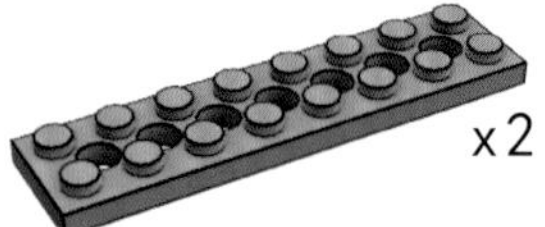
x 2

x 3

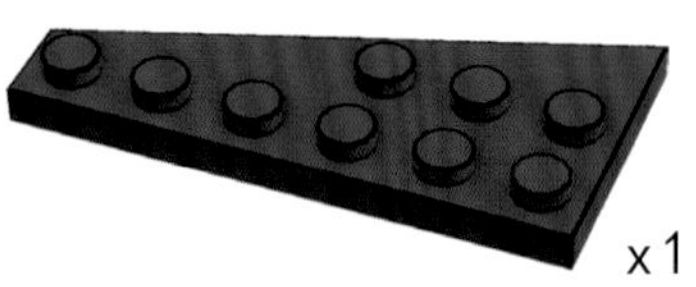
x 1

x 23

x 9

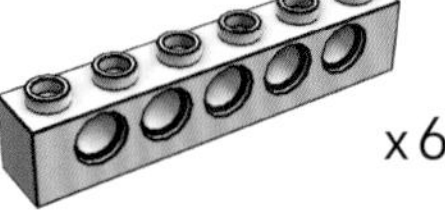
x 6

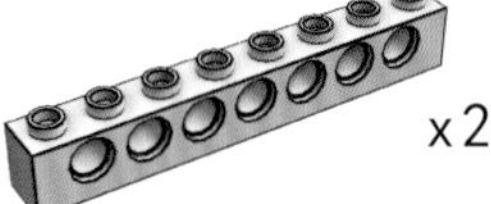
x 2

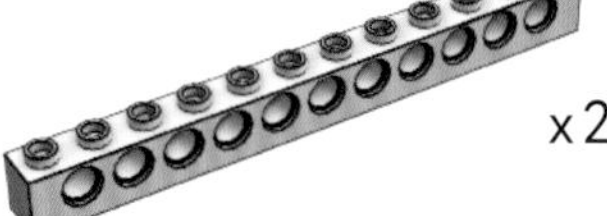
x 2

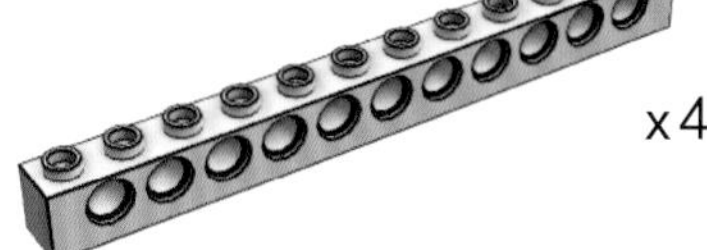
x 4

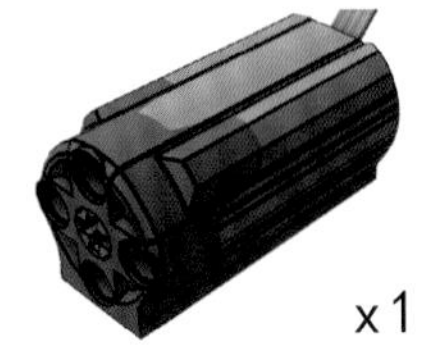
x 1

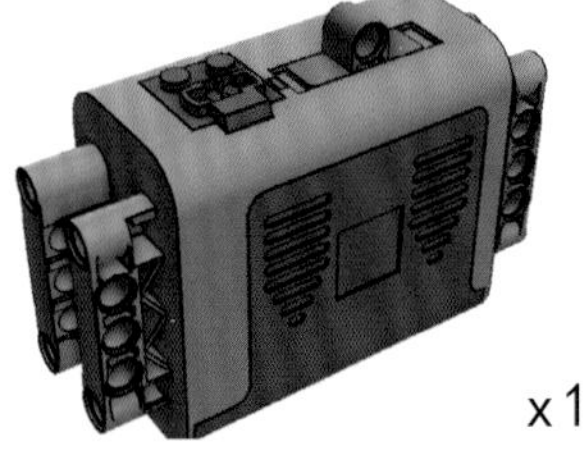
x 1

第 10 章　国庆节——航天飞机

10.1 灵感来源

航天飞机是一种有人驾驶、可重复使用的、往返于太空和地面之间的航天器。它既能像运载火箭那样把人造卫星等航天器送入太空，也能像载人飞船那样在轨道上运行，还能像滑翔机那样在大气层中滑翔着陆。航天飞机为人类自由进出太空提供了很好的工具，是航天史上的一个重要里程碑。

10.2　方位图

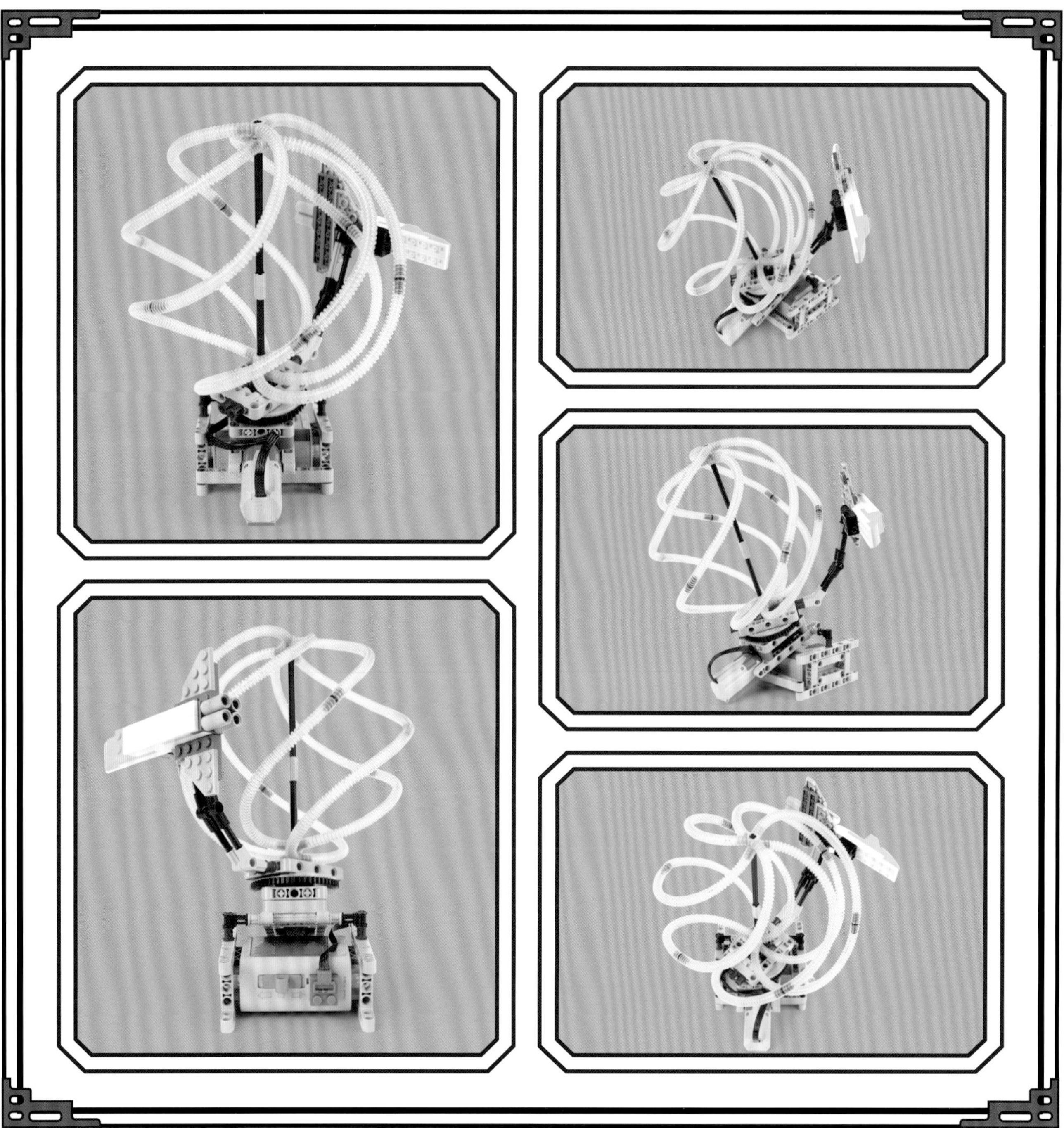

10.3　飞机

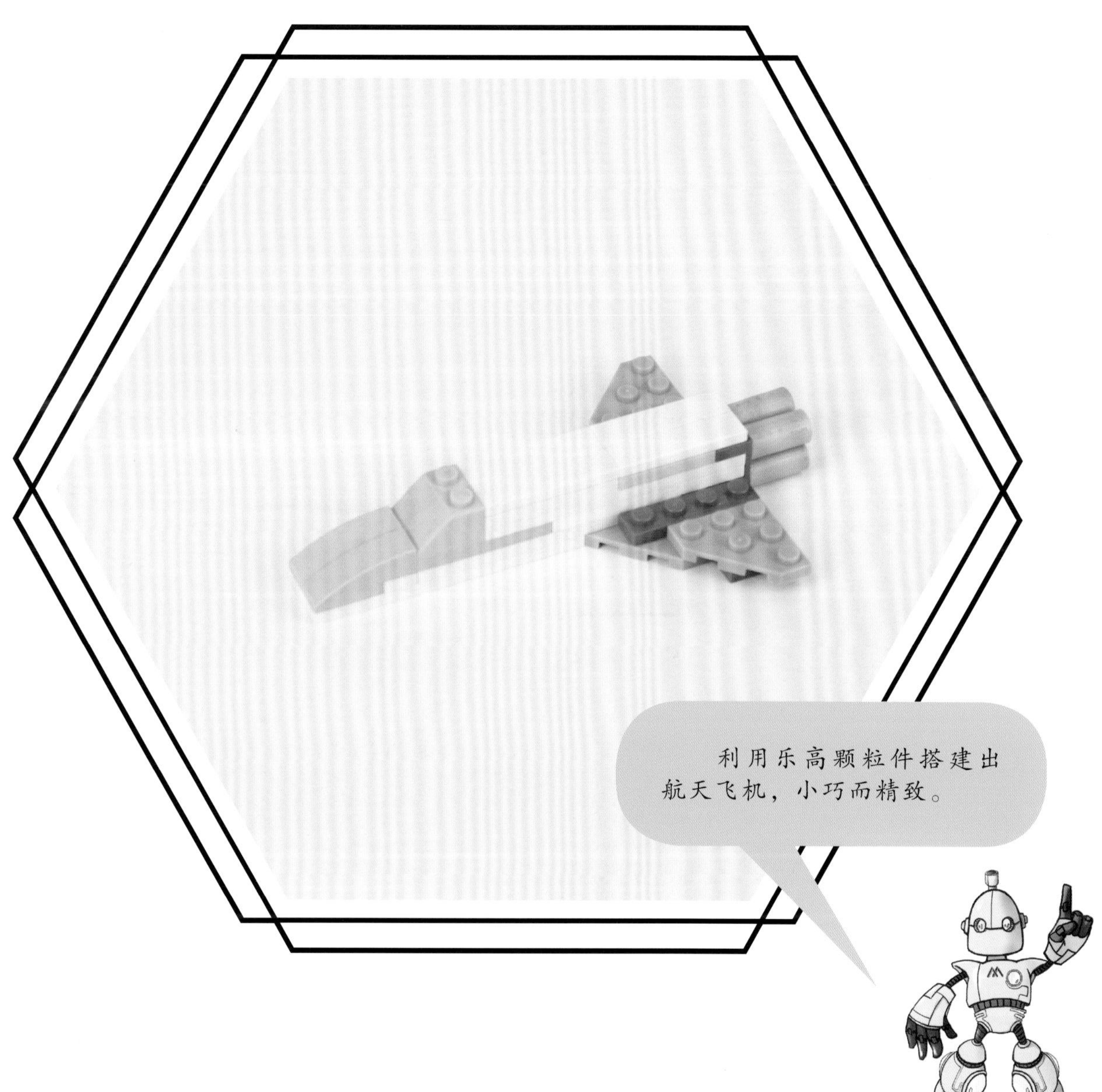

利用乐高颗粒件搭建出航天飞机，小巧而精致。

10.4 星球

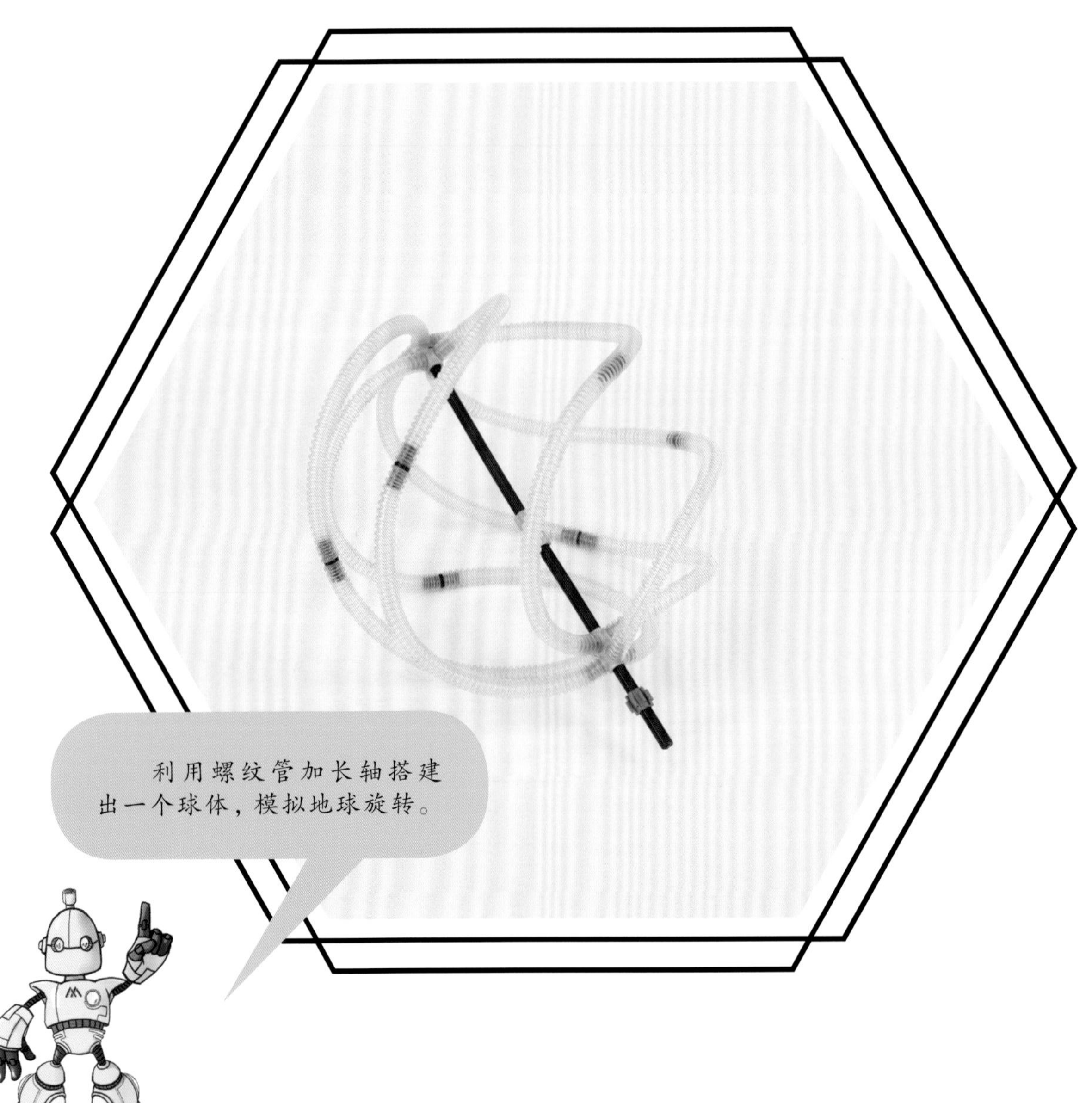

10.5　底盘

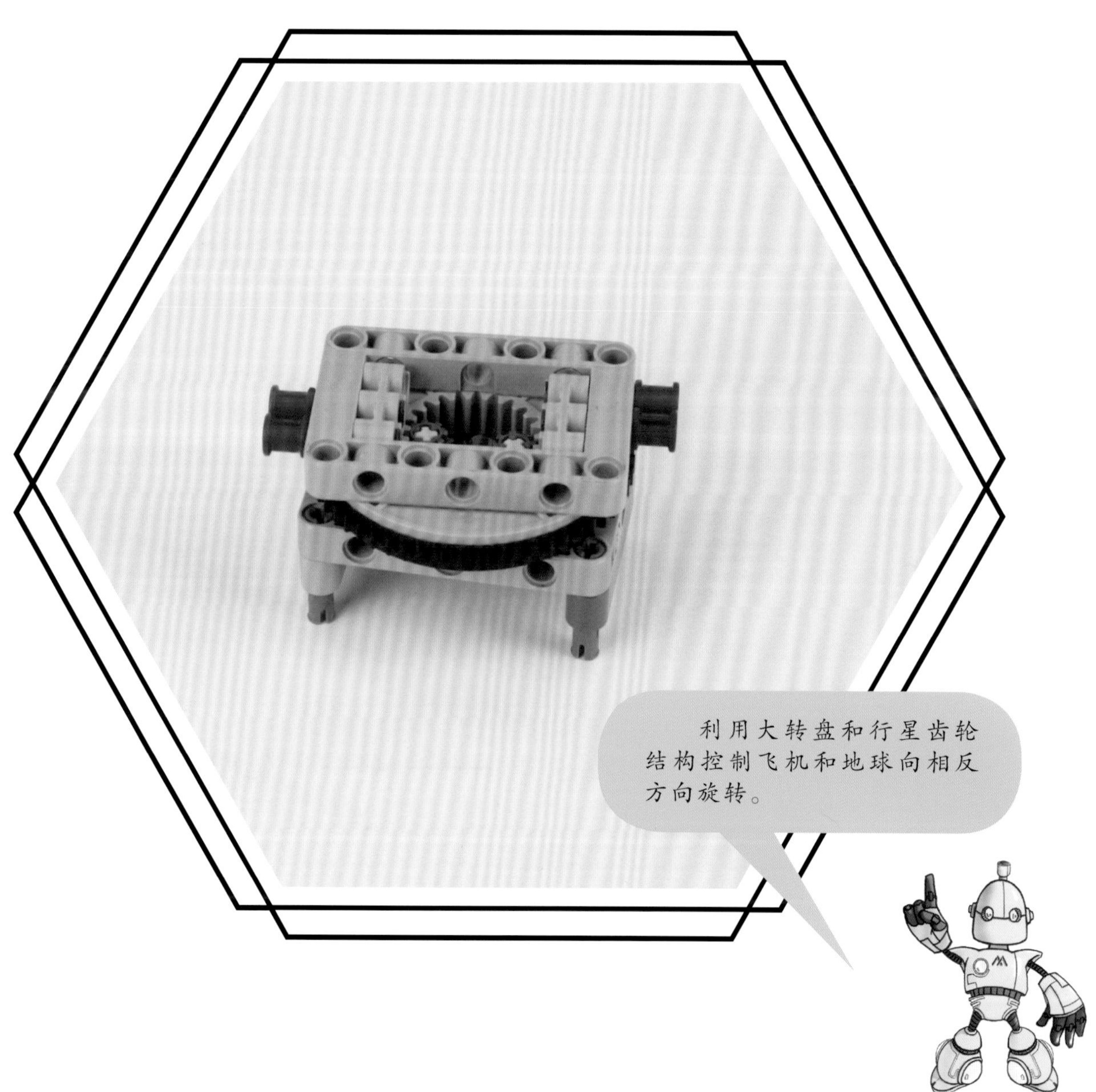

利用大转盘和行星齿轮结构控制飞机和地球向相反方向旋转。

10.6 零件准备

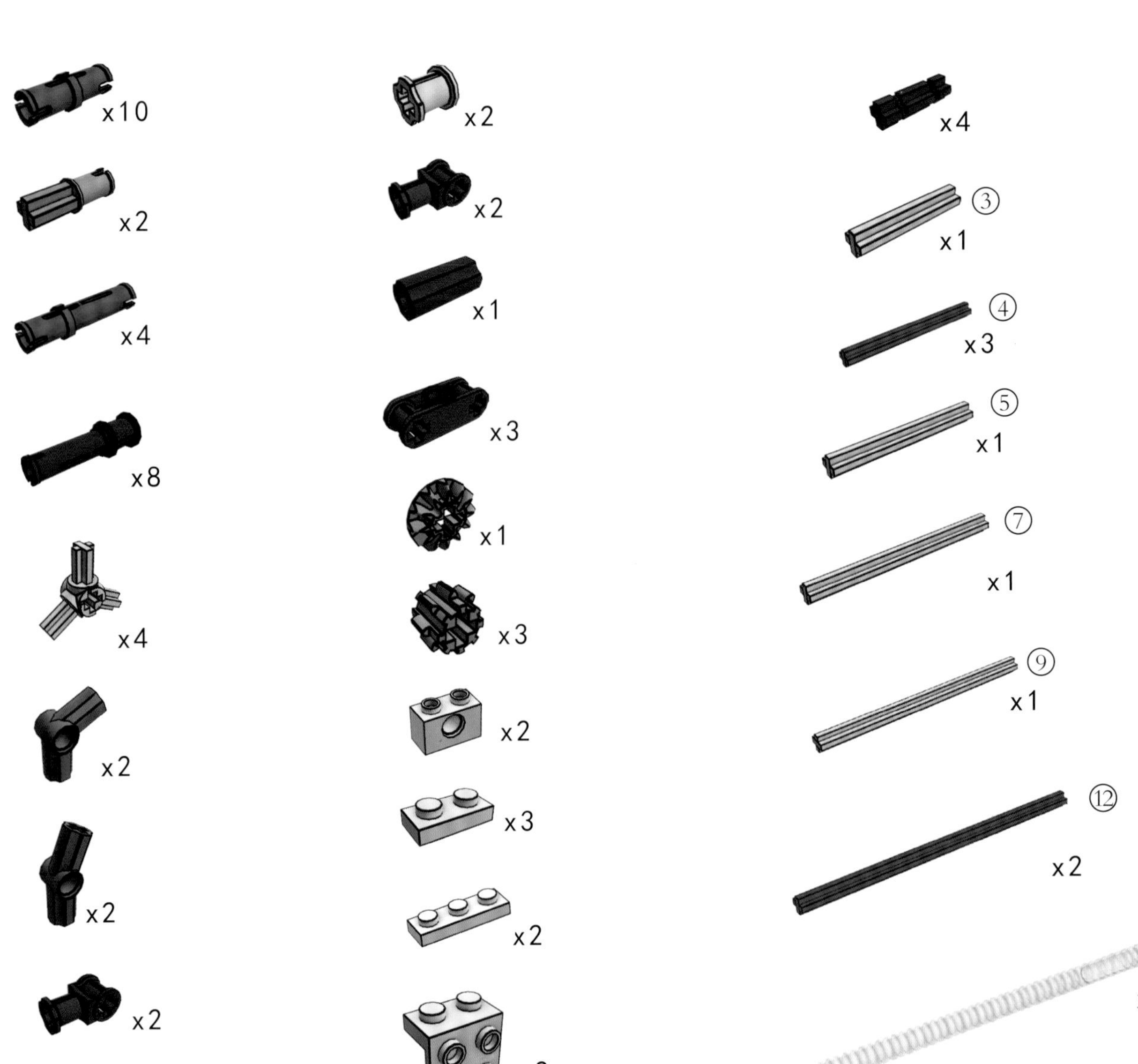
x10
x2
x4
x8
x4
x2
x2
x2
x4
x2
x2
x1
x3
x1
x3
x2
x3
x2
x2
x4
③
x1
④
x3
⑤
x1
⑦
x1
⑨
x1
⑫
x2
x12

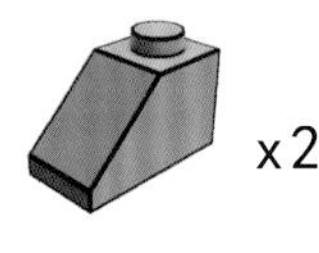
x2

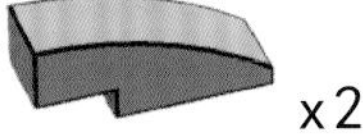
x2

x4

x6

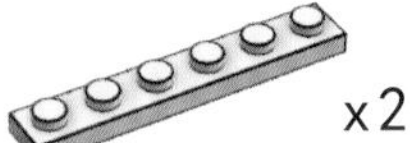
x2

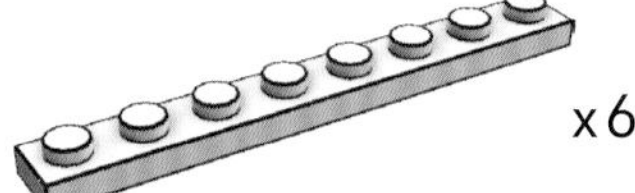
x6

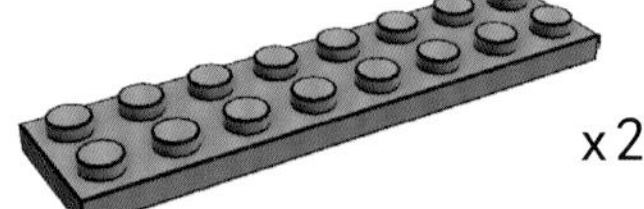
x2

x2

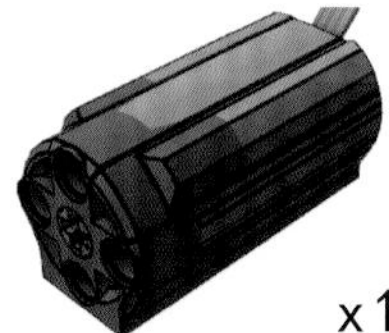
x1

x1

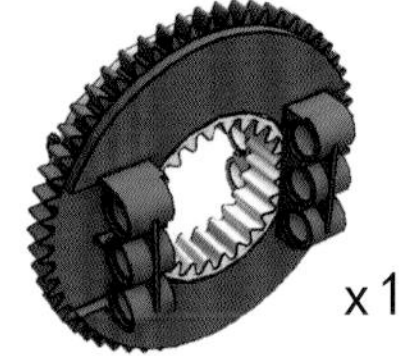
x1

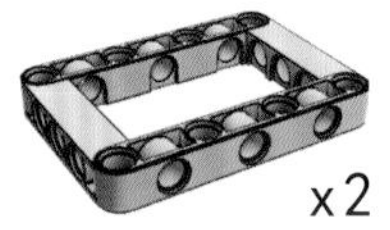
x2

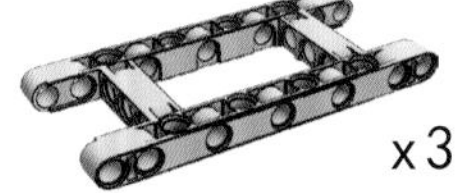
x3

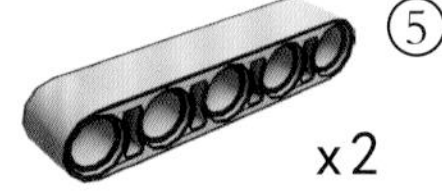
⑤
x2

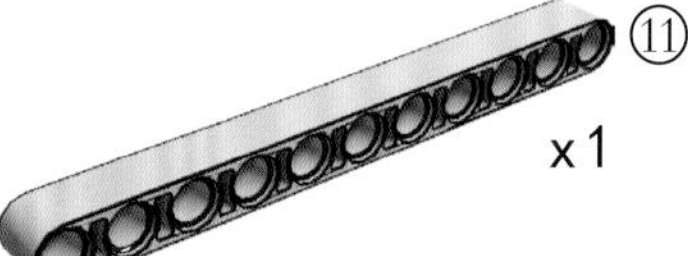
⑪
x1

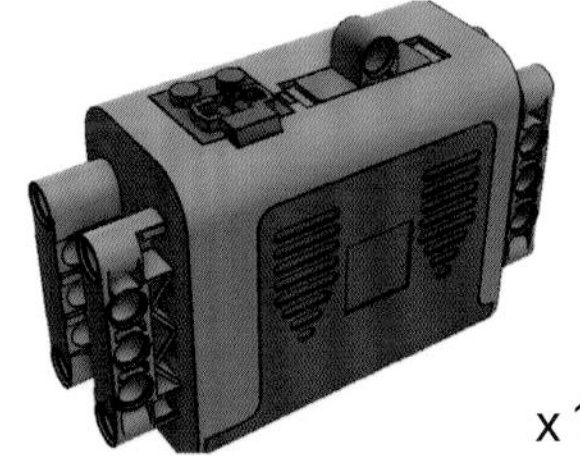
x1

附　录

销 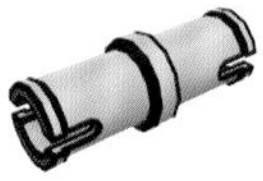　光滑销 　轴销 　光滑轴销 　球销 　球轴

长销 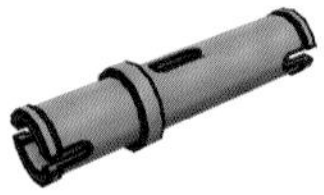　光滑长销 　轴套销 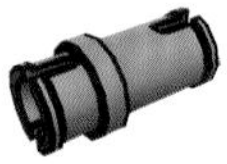　半销 　半轴套 　轴套

2 号轴 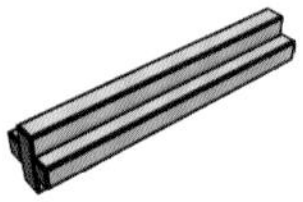　3 号轴 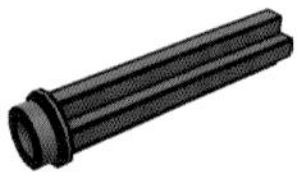　3 号帽轴 　4 号轴 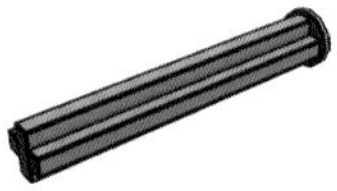　4 号钉轴

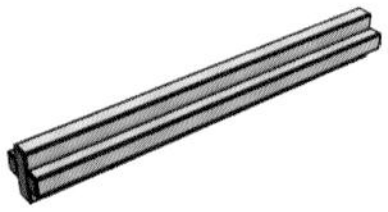

5 号轴 　5.5 号钉轴 　6 号轴 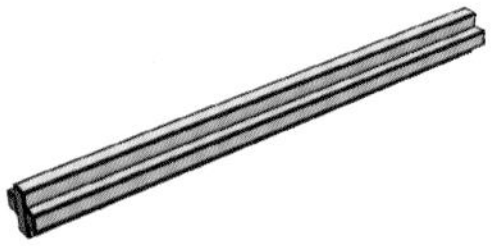　7 号轴 　8 号轴

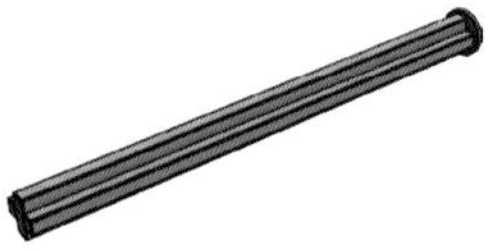

8 号钉轴 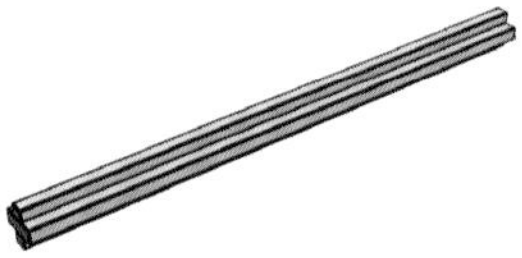　9 号轴 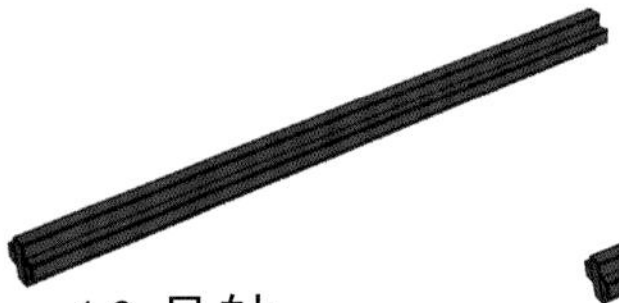　10 号轴 　12 号轴

2 孔连杆

3 孔连杆

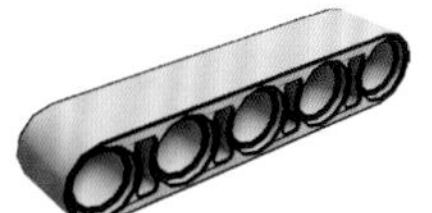
5 孔连杆

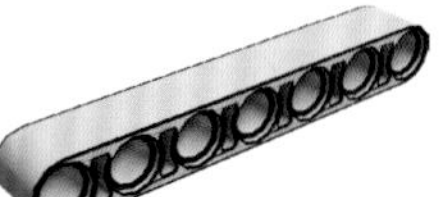
7 孔连杆

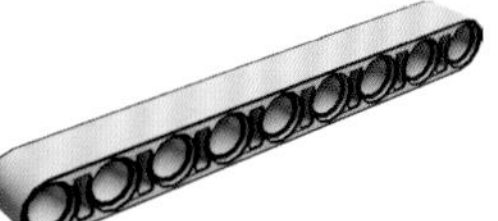
9 孔连杆

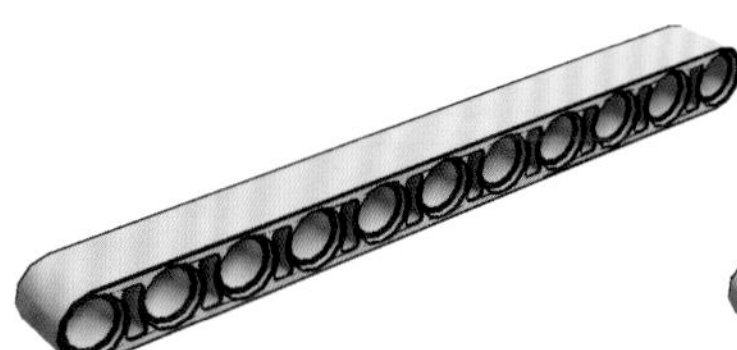
11 孔连杆

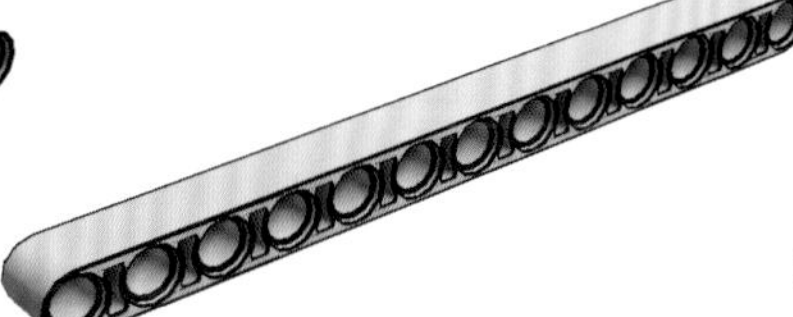
13 孔连杆

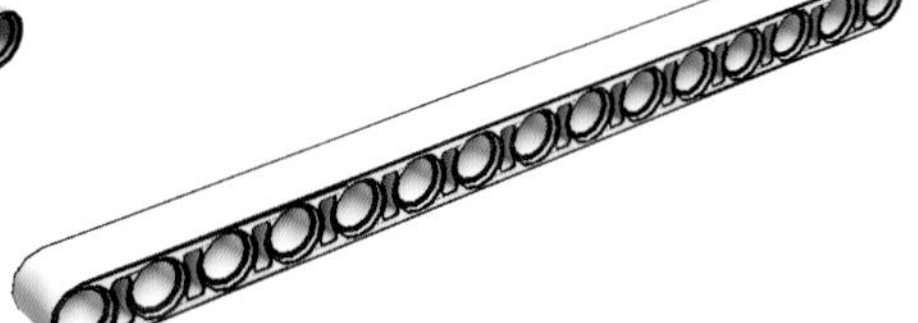
15 孔连杆

2 孔薄连杆

3 孔薄连杆

4 孔薄连杆

5 孔薄连杆

小直角杆

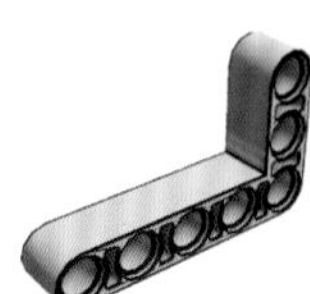
大直角杆

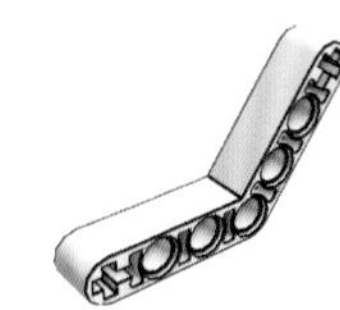
4x4 单弯连杆

4x6 单弯连杆

T 形连杆

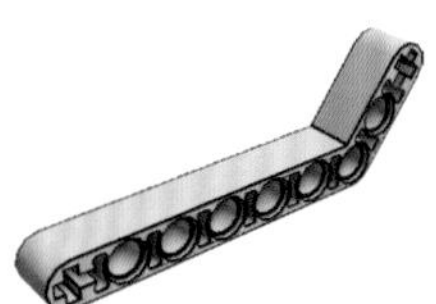
3x7 单弯连杆

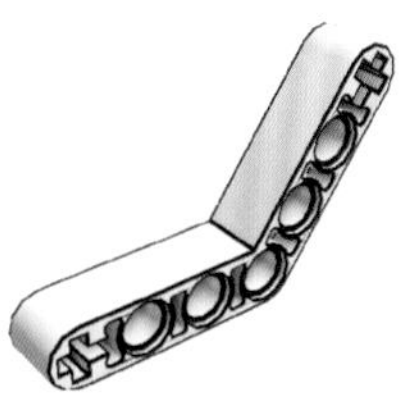
双弯连杆

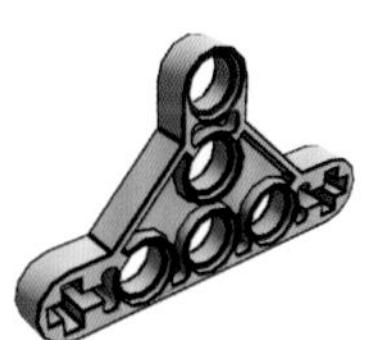
三角薄连杆

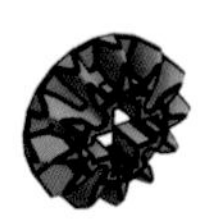
12 齿斜面小齿轮

20 齿斜面齿轮

16 齿圆柱齿轮

小滑轮

12 齿双面小齿轮

20 齿双面齿轮

36 齿双面大齿轮

中滑轮

8 齿小齿轮

24 齿中齿轮

40 齿大齿轮

大滑轮

差速器

履带轮

小转台

大转台

蜗杆

离合齿轮

离合单面斜齿轮

大齿条

迷你轮毂

迷你轮胎

迷你厚轮胎

滑轮轮胎

履带链

小轮毂

小轮胎

单倍销

双倍销

双倍宽销

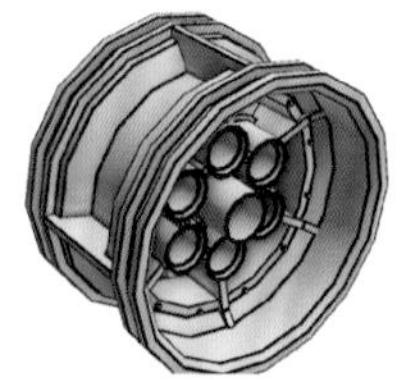
中轮毂

中轮胎

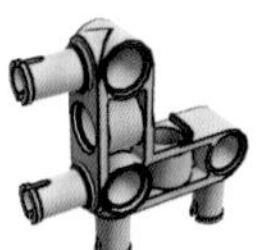
直角连接销

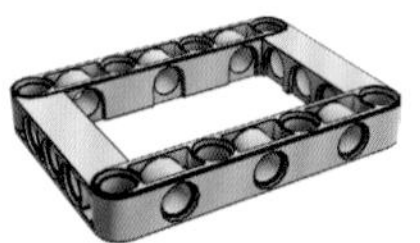
方形框

大轮毂

大轮胎

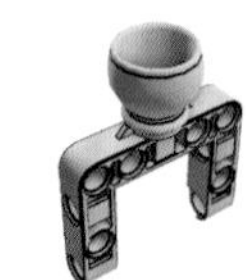
球状 R 形框

梯形框

2 孔橡胶垫

cvc 球状关节

cvc 杯状关节

三向轴

钢珠

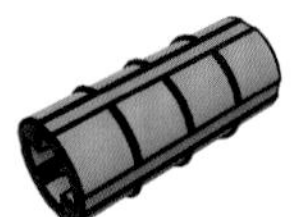
变挡联轴器

变速器

变速环

三向联轴器

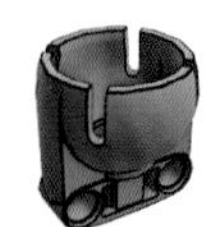
万向轮槽

胶垫

凸轮

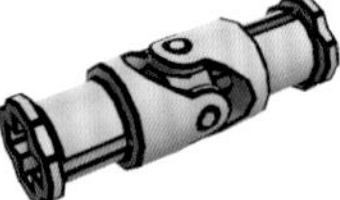
万向节

斜面脚

球形齿轮

轴孔连杆

直角连接器

正交双孔联轴器

正交联轴器

2 孔正交联轴器

两项轴连接器

正交双孔联轴器

3 孔正交联轴器

小型变速箱

变速箱

正交双孔小联轴器

摇柄

联轴器

连销器

双轴连接器

1 号联轴器

2 号联轴器

3 号联轴器

4 号联轴器

5 号联轴器

红皮筋

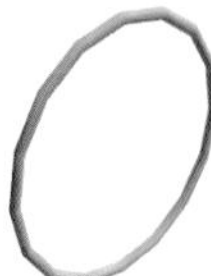
黄皮筋

白皮筋

齿轮变速箱

3 齿齿轮装置

红色面板

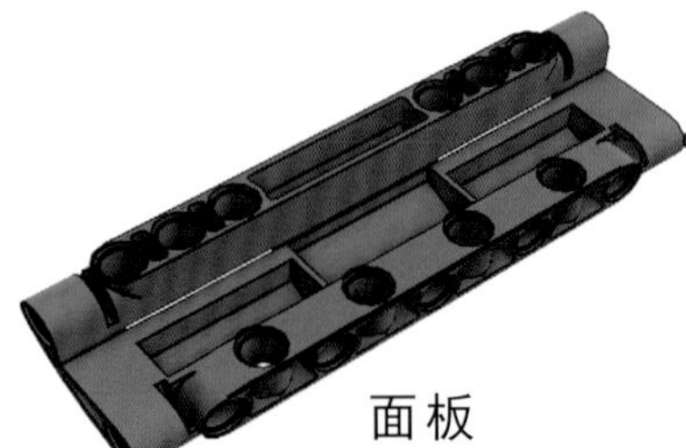
面板

3x5 面板

3x7 面板

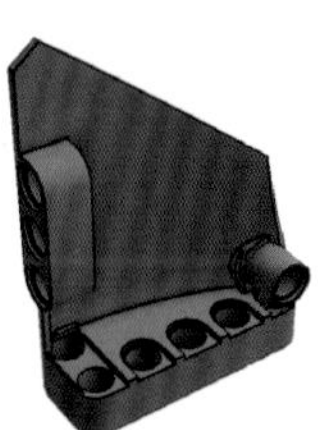
5x7 面板

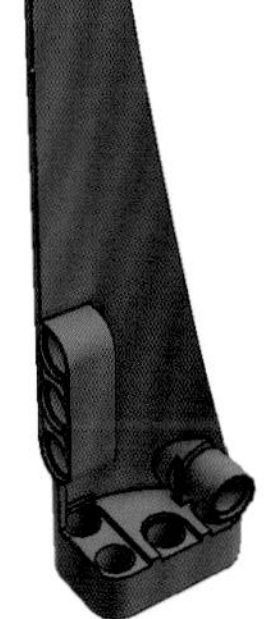
3x11 面板

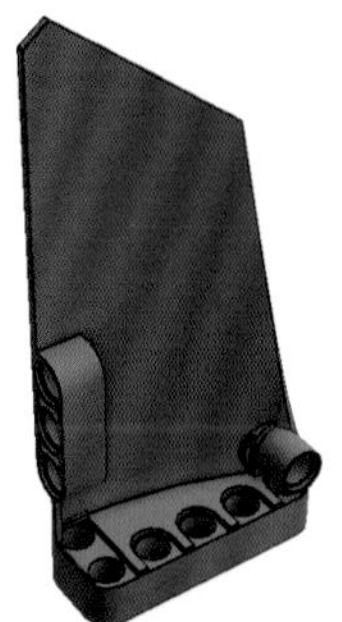
5x11 面板

1x1 瓦

1x1 小锥体

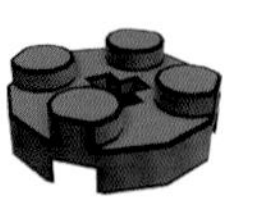
2x2 圆板

圆滑盘

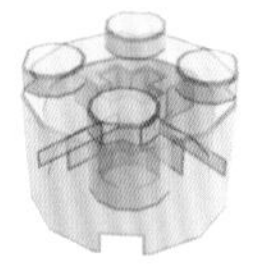
2x2 圆砖

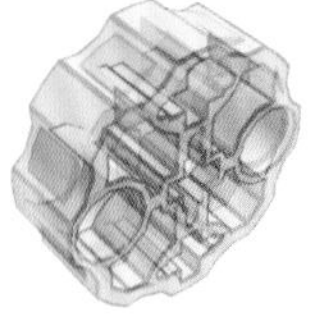
多向连接砖

螺纹伸缩杆

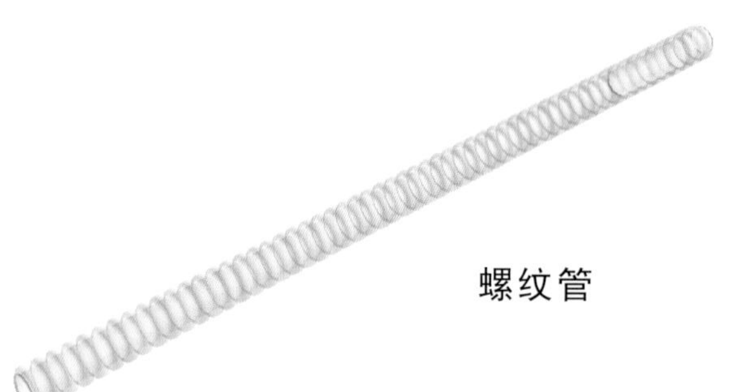
螺纹管

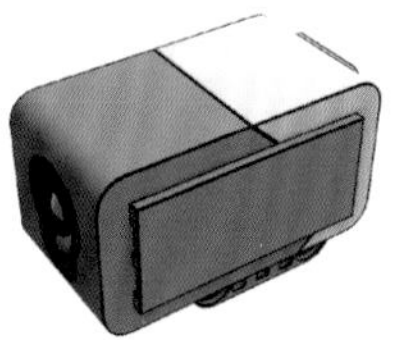
颜色传感器

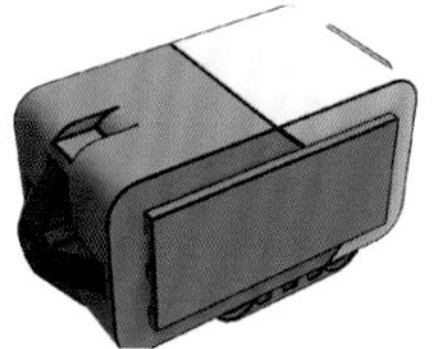
触动传感器

超声波传感器

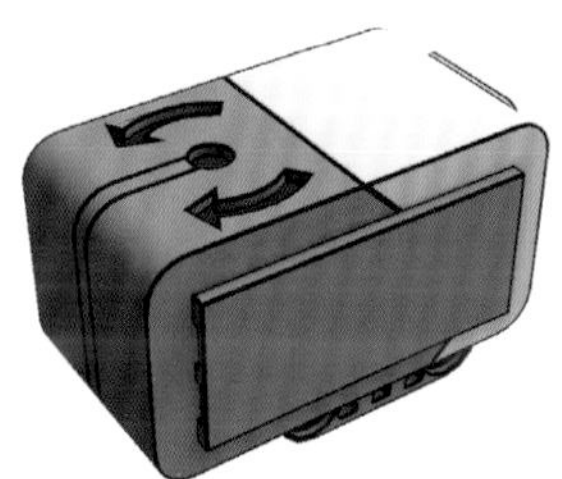
陀螺仪传感器

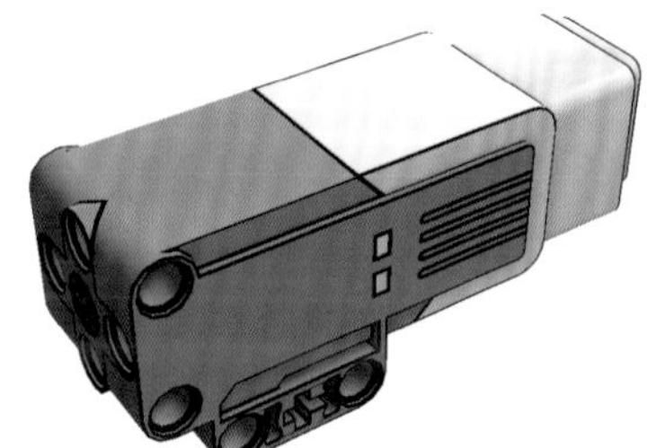
中型电动机

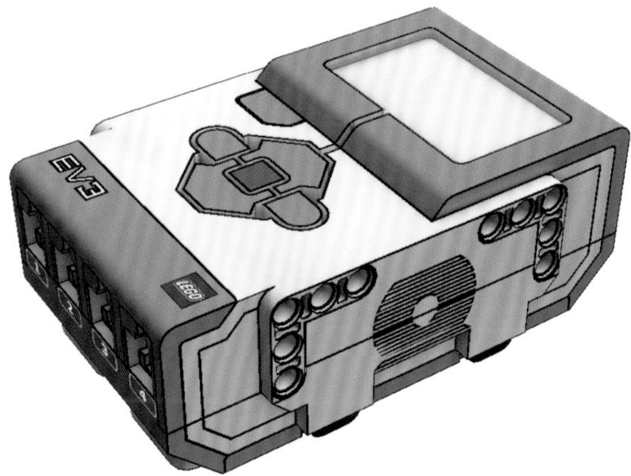

EV3 主控器

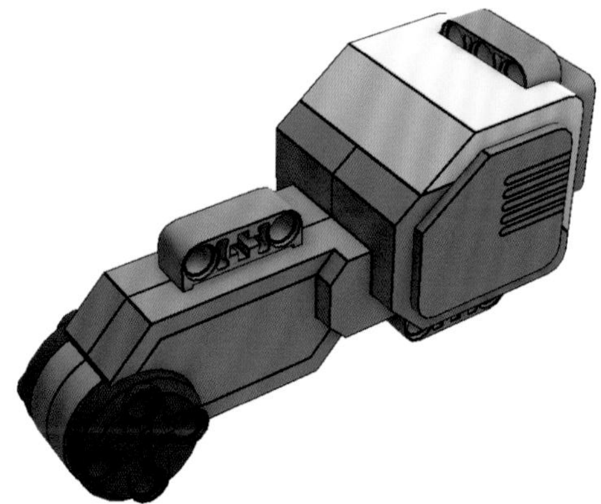
大型电动机